ちくま学芸文庫

数学文章作法 基礎編

結城 浩

筑摩書房

本書をコピー、スキャニング等の方法により無許諾で複製することは、法令に規定された場合を除いて禁止されています。請負業者等の第三者によるデジタル化は一切認められていませんので、ご注意ください。

目　次

はじめに ... 11
　本書について／読者について／私について／本書の構成／謝辞

第1章　読　者 ... 17

1.1 この章で学ぶこと ... 17
1.2 読者の知識 ... 18
1.3 読者の意欲 ... 20
1.4 読者の目的 ... 22
1.5 この章で学んだこと ... 23

第2章　基　本 ... 25

2.1 この章で学ぶこと ... 25
2.2 形式の大切さ ... 26
　形式を学ぶ／形式を大切に／形式の指示を守る／神は細部に宿る
2.3 文章の構造 ... 28
2.4 語　句 ... 29
　語句の役割／漢字とかな／アラビア数字と漢数字／書体／記号／書き言葉と話し言葉／同音異義語／要注意語句
2.5 文 ... 38
　文の役割／文は短く／文は明確に／「だ・である」と「です・ます」／場合分け／事実と意見を意識する

2.6 段　　落 …………………………………………… 45
　段落の役割／段落は明確に／接続詞と文末を意識する／引用

2.7 節, 章, …… …………………………………… 50
　節, 章, ……の役割／見出し

2.8 この章で学んだこと ……………………………… 51

第3章　順序と階層　　　　　　　　　　　　　　　53

3.1 この章で学ぶこと ………………………………… 53
3.2 順　　序 …………………………………………… 54
　自然な順序／時間の順序／作業の順序／空間の順序／大きさの順序／既知から未知へ／具体から抽象へ／定義と使用

3.3 階　　層 …………………………………………… 68
　読みやすい階層を作るとは／ブレークダウンする／もれなく, だぶりなく／グループを作る／階層ごとに順序を整える／少しずつ整える

3.4 表現の工夫 ………………………………………… 73
　箇条書き／列挙／書体／字下げ／パラレリズム

3.5 この章で学んだこと ……………………………… 82

第4章　数式と命題　　　　　　　　　　　　　　　83

4.1 この章で学ぶこと ………………………………… 83
4.2 読者を混乱させない ……………………………… 84
　二重否定を避ける／同じ概念には同じ用語を使う／異なる概念には異なる用語を使う／異なる概念には異なる表記を使う／呼応を正しく／必要な文字だけを導入する／添字を単純にする／定義の確認, 指示語の確認／省略のテンテン／順序は一貫して／左辺と右辺の順

序／一文は短く

4.3 読者に手がかりを与える（メタ情報） …………… 99
　　　メタ情報／文字に対するメタ情報／数に対するメタ情報／メタ情報の意味を明確に／文字の使い方／定義なのか定理なのか／接続詞は道案内／あいまいさをなくす／別行立ての数式／等号を揃える／文章中の数式を「ほげほげ」する

4.4 この章で学んだこと ………………………………… 115

第5章　例　　　　　　　　　　　　　　　　　　　117

5.1 この章で学ぶこと …………………………………… 117
5.2 基本的な考え方 ……………………………………… 118
　　　典型的な例／極端な例／あてはまらない例／一般的な例／読者の知識を考慮した例
5.3 説明と例の対応 ……………………………………… 123
　　　内容の対応／表記の対応／対応の確認／対応する例の存在
5.4 例の働き ……………………………………………… 129
　　　概念を描く／説明を助ける
5.5 例を作る心がけ ……………………………………… 130
　　　自分の知識をひけらかさない／自分の理解を疑う
5.6 この章で学んだこと ………………………………… 132

第6章　問いと答え　　　　　　　　　　　　　　　135

6.1 この章で学ぶこと …………………………………… 135
6.2 問いと答えは呼応する ……………………………… 136
　　　問いには答えが必要／問いと答えは呼応する／答えがない問い／先延ばしせず答える／問いかけ型のタイトル

6.3 どう問うか ………………………………………… 142
否定形を避けて問う／○×式で問う／ヒントを使って問う／難易度を示して問う／明確に問う／指示語に注意して問う／シンプルに問う／混乱を避けて問う

6.4 何を，いつ問うか ………………………………… 152
知識を問う／理解を問う／重要な点を問う／あたりまえのことを問う／答えた後に

6.5 この章で学んだこと ……………………………… 157

第7章　目次と索引　　　　　　　　　　　　　　　159

7.1 この章で学ぶこと ………………………………… 159

7.2 目　　次 …………………………………………… 160
目次とは／内容を明確に表す見出し／独立して読める見出し／粒度の揃った見出し／形式の揃った見出し／章・節以外の目次／目次の作成／目次を読む意味

7.3 索　　引 …………………………………………… 168
索引とは／索引項目と参照ページの選択／索引項目の表記／索引項目の順序／参照ページの表記／索引の作成／索引を読む意味

7.4 トピックス ………………………………………… 175
電子書籍／参考文献

7.5 この章で学んだこと ……………………………… 177

第8章　たったひとつの伝えたいこと　　　　　　　179

8.1 この章で学ぶこと ………………………………… 179

8.2 本書を振り返って ………………………………… 179
読者は誰ですか／形式を大切に／順序立て，まとまりを作る／メタ情報を忘れずに／例示は理解の試金石／問いと答えで生き生きと／目次と索引は大事な道具／

　　　　たったひとつの伝えたいこと
　8.3 この章で学んだこと ……………………………………… 185

参考文献　187
索　引　189

数学文章作法　基礎編

はじめに

本書について

　こんにちは．本書『数学文章作法(さくほう)』では，

　　　　正確で読みやすい文章を書く心がけ

をお話しします．数式まじりの説明文が題材の中心です．

　あなたが文章を書くときの大きな目的は，

　　　　あなたの考えを読者に伝えること

です．そして，あなたの考えが数学的な概念を含んでいるなら，数式まじりの文章を書くのは自然です．数式をうまく使えば，文章を長々と連ねるよりも簡潔に，しかも正確に，あなたの考えを表現できるからです．

　しかし，数式まじりの文章は書くのが難しいものです．数式をただ並べただけで，あなたの考えが読者にさっと伝わるわけではありません．もしかしたら読者は，あなたが書いた数式を読み解くために多大な努力を必要とするかもしれません．

　本書では，正確で読みやすい文章を書く原則をお話しします．その原則は，

読者のことを考える

と一言でいえます．本書は《読者のことを考える》というたった一つの原則を具体化したものといえるでしょう．

本書は，数学そのものを学ぶ本ではありません．本書には数式まじりの文章が多く登場しますが，問題の解き方，証明の仕方，解の見つけ方，理論の構築などについて学ぶわけではありません．本書は，あなたがすでに読者へ伝えたい考えを持っていることを前提とし，いかにしてそれを正確で読みやすい文章にするかを学ぶ本なのです．

読者について

本書は「数式まじりの文章を書く人」に役立ちます．たとえば学生，学校の教師，塾の講師，Web・雑誌・書籍の執筆者などに役立つでしょう．

本書は「文章を書く人」全般にも役立ちます．本書では数式についてだけ書いているのではなく，論文・Webページ・レポート・書籍など，どのような種類の文章にも共通の心がけを書いているからです．

また本書は「文章を読む人」にも役立つでしょう．本書の内容は，文章がどのように組み立てられているかを理解する助けになるからです．

さらに本書は学校の教師や塾の講師のような「教える人」にも役立つでしょう．正確で読みやすい文章を書くための心がけは，教えることにも通じるからです．

私について

　私は数学者ではありませんが，数式まじりの文章を書いて生計を立てています．1993年からプログラミングの入門書や暗号技術の入門書を書き始め，2007年からは「数学ガール」シリーズという数学物語も書いています．ありがたいことに，私の書く書籍はたくさんの読者さんから「正確で読みやすい」という評価を受けています．

　世の中にはたくさんの文章があります．正確であるからといって読みやすいとは限りませんし，読みやすいからといって正確であるとも限りません．私はいつも，正確で読みやすい文章を書きたいと思っていました．

　私は文章を書く「権威」としてではなく「現役の執筆者」として本書を書こうと思います．私自身，ここに書かれていることを日々の執筆で実践し，読者のために正確で読みやすい文章を書こうと努力しています．本書『数学文章作法』は，私がこれまで技術書や数学書の執筆で学んだことを文章にまとめたものといえるでしょう．

本書の構成

　本書の各章で説明する内容を紹介します．

　第1章「**読者**」では，文章を書く上で最も大切な「読者」について述べます．文章は読者に読まれなければ何の意味もありません．読者の知識・意欲・目的をよく理解して書くのは正確で読みやすい文章を書く上で大切なのです．

　第2章「**基本**」では，文章を書く上で最も基本的なこと

を述べます.それは,形式を大切にすることと,語句・文・段落・節・章といった文章の構造を意識することです.

　第3章「**順序と階層**」では,文章を構成するときの順序と階層について述べます.どのような順序で文章を書くべきかを考え,階層を意識してまとめることを学びます.これは,あなたの考えをスムーズに読者へ伝えるためです.

　第4章「**数式と命題**」では,数式と命題の書き方について述べます.数式を書く目的に始まり,読者を大切な数式に注目させる方法,誤解を防ぐ方法などについて具体例とともにお話しします.

　第5章「**例**」では,文章をわかりやすくする例の作り方を述べます.適切で効果的な例の作り方を学びましょう.

　第6章「**問いと答え**」では,読者に提示する問いと答えの作り方を述べます.適切な難易度を持った問いの作り方,読者を混乱させない答えの作り方をお話しします.

　第7章「**目次と索引**」では,読者の役に立つ目次と索引の作り方について述べます.

　第8章「**たったひとつの伝えたいこと**」では,本書全体の内容を振り返り,どのように《読者のことを考える》を実践するかを考えます.

謝　辞

　私はあるとき,Jeff Ullman の「文章を書き表すのは教育のため」という言葉に出会い,中学校の理科の教師であった父のことを思い出しました.父は食卓でいつも「教える

ということ」を私に教えてくれたものです.

　文章を書き表すのが教育のためなら,本を書く仕事をしている私は,教育者である父と同じ道を歩んでいるといえます.そのことは私に深い平安を与えてくれました.

　本書のあちこちには,父が私に教えてくれたことも含まれているでしょう.ですから私は,本書を父に捧げたいと思います.

　お父さん,ありがとうございます.

Remember that
the object of exposition is education,
not showmanship.

—— Jeff Ullmann

第1章

読　　者

1.1 この章で学ぶこと

読者のことを考える．これが文章を書くときに最も大切なことです．数式が含まれているか否かに関わらず，あなたが文章を書く目的は，読者にあなたの考えを伝えることです．あなたの考えが読者に伝われば良い文章であり，読者に伝わらなければ悪い文章といえるでしょう．ですから，文章を書くときに読者のことを考えるのは当然です．

本書には《読者のことを考える》という原則がしつこいほど繰り返して登場します．これは文章を書く要ですか

ら，ぜひここで記憶してください．

さて，読者のことを考えるのはいいとして，読者の何について考える必要があるのでしょうか．少なくとも次の三点について考える必要があります．

- 読者の知識——読者は何を知っているか
- 読者の意欲——読者はどれだけ読みたがっているか
- 読者の目的——読者は何を求めて読むのか

読者の知識・意欲・目的．この三点をよく考えないと，読者に伝わる文章は書けません．

1.2 読者の知識

読者の知識，すなわち「読者は何を知っているか」について考えましょう．これをよく考えないと，難しすぎて読めない文章や易しすぎて退屈な文章になります．

以下の文を見てください．

> $\sqrt{2}$ は有理数ではない．

もしも，読者が $\sqrt{2}$ や有理数について知っているなら，「$\sqrt{2}$ は有理数ではない」と書くだけで理解してもらえるでしょう．しかし，読者が $\sqrt{2}$ の意味を知らず，有理数という用語もよく理解していないなら，「$\sqrt{2}$ は有理数ではない」と書くだけでは理解してもらえません．$\sqrt{2}$ が何を表しているか，有理数とは何なのかをきちんと説明する必要

があります.

このように，読者の知識に応じて文章の書き方はまったく異なるものになりますから，文章を書くときには「読者は何を知っているか」を意識する必要があるのです．

ところで，読者の知識は不変ではなく変化するものです．実際，あなたが書いた文章を読み進めるあいだもずっと変化しています．最初は $\sqrt{2}$ と有理数について知識がない読者でも，あなたの書いた文章を読み進めて $\sqrt{2}$ について学び，有理数について学んだ段階まで来れば，もう「$\sqrt{2}$ は有理数ではない」という命題を理解できるでしょう．

ですから，文章を書くときには「順序」を意識しなければなりません．あなたの考えをどのような順序で読者に提示するか，これは文章を書く上で本質的な問題です．順序を意識すること，特に「ここまで読み進めてきた読者は何を知っているか」という観点で順序を意識することが極めて重要です．

順序が的確なら，読者は著者に対して信頼を寄せます．読者は「この著者が書いている文章は信頼できる」と感じ，より深く文章の内容を読んでくれるでしょう．つまり，読者の意欲が向上するということです．

順序が的確なら，読者は心地よく読み進めることができます．たとえば，読者が「ということは，もしかしたらこんな命題が成り立つのではないか」と思ったタイミングでその命題を提示し，読者が「抽象的でわかりにくいから，簡単な例がほしいな」と思ったタイミングで例を提示でき

れば最高です．

順序については本書の第3章で，また例については第5章で詳しくお話しします．

1.3 読者の意欲

読者の意欲，すなわち「読者はどれだけ読みたがっているか」について考えましょう．

文章の書き手は，読者が文章を熱心に読んでくれると思いがちです．熱心とまではいかなくても，少なくとも最初から最後までしっかり読んでくれるだろうと考えます．

でも，それは大きな間違いです．熱心に読むとも限りませんし，最初から最後まで読むとも限りません．あなたがいくら苦労して書いた文章であっても，読者はそんなことはお構いなしに読み飛ばすでしょう．

それは，あなた自身が読者の立場になったときのことを想像すれば理解できます．少しでも飽きたら「もっとおもしろいことを書いたページはないか」と後ろのページをめくったり，最後の結論だけ読んで終わりにしようかと考えたり，別の文章を読めば良かったかなと迷ったりします．読者は基本的に飽きっぽく，浮気性であり，あなたの文章を読むのをいつでも止める権利を有しています．文章を書く身にとってはつらいことですが，それが現実なのですからしかたがありません．

文章の種類によって，読者の意欲には差があります．単

位を取るための教科書なら，いやいやながらも読者は読み進めるでしょうし，論文や仕様書のように専門家が仕事の道具としている文章も，読者はがんばって読むでしょう．それに対して，読んでも読まなくてもいい文章の場合には，読者の意欲はずっと低くなります．少しでもつまらなくなったら，すぐに読むのをやめるでしょう．

あなたの考えを読者に伝えたいなら，読者の意欲について理解し，想像を巡らせる必要があります．読者の意欲が低そうなら，意欲が向上するように工夫しなければいけません．もしも読者の意欲が十分に高いなら，意欲向上の工夫よりも伝えたい内容に意識を集中すべきでしょう．

読者の意欲を向上させるには「変化」が一番です．同じ調子がずっと続く文章では，読者は飽きます．意欲を向上させるために，何かを変化させましょう．

- 抽象的な話が続いたなら，具体例を出す．
- 具体的な話が続いたなら，まとめを出す．
- 言葉の説明が続いたなら，図・グラフ・表を出す．

文章を読み進めるあいだに読者の知識が変化するのと同様，読者の意欲も変化します．同じ調子が続くと意欲は減退しますが，適度な変化があると意欲は向上します．

読者が「なるほど！」と膝を打つような発見があると，読者の意欲はたいへん向上します．読者の意欲を保つためには「なるほど！」といえる題材を適切なタイミングで提示すると良いでしょう．そのためには，あなたが提示する

題材に対して読者がどのような反応を持つかを想像することも大事になります.

　読者が「なるほど！」と感じるような文章を書くことは大切です. そもそも, あなたが文章を書くのは読者に対してあなたの考えを伝えたいからですね. 言い換えれば, あなたは自分の考えを「伝えるに値するものだ」と思っているわけです. おそらくあなたの考えの中には, あなた自身が「なるほど！」と感じたものが含まれているのでしょう. ならば, あなたが感じた「なるほど！」を適切な形で読者に伝えるべきです. そのためには, 読者が意欲的に文章を読み続ける配慮が必要です. 適切な順序で提示されれば「なるほど！」を生み出す情報であっても, 順序が良くなければよく理解されないままに終わってしまいます.

　読者に理解を確認してもらうには著者からの「問いかけ」が有効な場合があります. 第 6 章「問いと答え」ではその話題に触れます.

1.4　読者の目的

　読者の目的, すなわち「読者は何のために読むのか」について考えましょう.

　読者が文章を読むときには必ず目的があります. 物事の全体像を知るため, 個別の事実の詳細を知るため, ある事象に至る理由を知るため, 純粋に娯楽のため, ……. 読者は文章を読みながらその目的を追い求めます. 文章の書き

手が読者の目的をよく理解していれば，それにぴったりと合致した文章を書くことができます．

　読者が全体像を知りたいと思っているのに個別の事実だけを列挙して終わってはいけません．逆に個別の事実の詳細を知りたいと思っているのに全体像をふわっと見せるだけでもいけません．読者が理由をきちんと追いたいと思っているのに，論理の進め方があいまいだったりギャップがあったりしてはいけません．

　読者の目的もまた，固定的なものではありません．文章を読み進めるあいだに絶えず変化します．読者に寄り添うように文章を進めることができるなら，あなたの考えが読者にスムーズに伝わることになります．

　読者が自分の目的に合致する箇所を探しやすくするためには目次と索引が重要です．目次と索引については第7章でお話しします．

1.5　この章で学んだこと

この章では「読者の何を考えるべきか」を話しました．

- 読者の知識——読者は何を知っているか
- 読者の意欲——読者はどれだけ読みたがっているか
- 読者の目的——読者は何を求めて読むのか

読者について考えるのは大切ですが，考えているだけでは文章はできあがりません．次の章では，文章を書く基本

についてお話ししましょう．

第2章

基　本

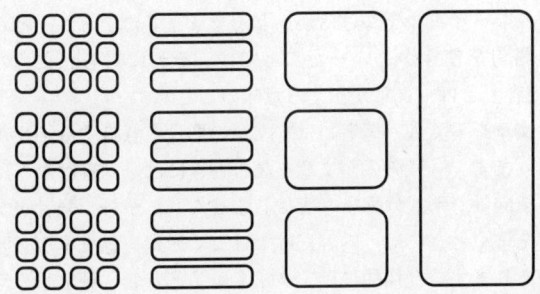

2.1 この章で学ぶこと

《読者のことを考える》は，文章を書くための大切な原則ですが，読者のことを考えるだけでは文章はできません．

この章では，

- 形式の大切さ
- 文章の構造

という基本的なことがらを学びます．

2.2 形式の大切さ

形式を学ぶ

文章には形式と内容があります．文章の「形式」とは，どんなタイトルをつけるか，どんな章立てにするか，どんな語句を使うかといったことです．それに対し，文章の「内容」とは，文章が伝える意味のことです．

文章を書く人（著者）は，文章の形式を意識する必要があります．一般の人が文章を読むときには，内容ばかりに目を向け，形式はあまり意識しません．しかし，著者が文章を書くときには，内容だけではなく形式も意識する必要があります．具体的には，タイトル・著者名・見出し・目次・概要・本文・図表・例・索引・参考文献などの表記を意識するということです．さらに，文字の使い方・語句の選び方・漢字とかなの使い分けにも注意しましょう．

文章の形式を意識するのは，読みやすい文章を書くために大切です．なぜなら，形式を誤ると同じ内容でも読みにくくなってしまうからです．著者は，自分が書こうとする文章と同じ種類の文章を，形式を意識してたくさん読むのが良いでしょう．

形式を大切に

形式を大切にしましょう．世の中には「文章は内容が大切だ」という人がいます．それは正しい考えです．しかし

「文章は形式よりも内容が大切だ」というのは不正確です．正確には，以下のようにいうべきでしょう．

> 文章は内容が大切だ．
> だからこそ，
> 形式をきちんと整えなければならない．

　読者に伝えたい内容が大切なものであるほど，形式をきちんと整えなければなりません．欠けたカップで出されたら，いくら美味しいコーヒーでも台無しでしょう？

形式の指示を守る

　形式の指示があったら，それを守りましょう．たとえば，レポートを書いて提出するとき，提出先である教師から形式の指示があるでしょう．レポートにおける形式の指示とは，氏名や所属の書き方・紙の種類や大きさ・文字の大きさ・ページ数などのことです．レポートは提出先からの形式の指示に従って書かなければなりません．

　提出先から形式の指示を受けるのはよくあることです．レポートを教師に提出する場合に限らず，論文を書くなら論文誌から，書籍を書くなら出版社から，Web 記事を書くならサイトの運営者から形式の指示があります．

　著者は，形式の指示を守らなければなりません．形式の指示は，多数の文章をとりまとめる必要から生じるものです．形式がそろっていれば，多数の文章をとりまとめやすくなりますが，形式がそろっていなければ，余計な手間が

かかります．提出先からの形式の指示を守らないのは，著者が「私が書いた文章に対しては特別な手間をかけなさい」と傲慢な主張をしていることになります．

　形式の指示に疑問がある場合には，自分勝手に判断せず，提出先に問い合わせて解決しましょう．本書には，文章の書き方がたくさん書かれていますが，提出先からの形式の指示を優先してください．

神は細部に宿る

　以下では，言葉遣いをどうするか，記号をどうするか，というたいへん「細かいこと」を話します．

　しかし，その「細かいこと」の積み重ねがなければ正確で読みやすい文章は生まれません．そのことはしばしば，

　　「神は細部に宿る」

と表現されます．

　大切な内容をしっかり伝えるためには，細部をおろそかにしてはいけません．それは《読者のことを考える》という原則を守る第一歩でもあるのです．

2.3　文章の構造

　文章は構造を持っています．

　語句が集まって文を作り，文が集まって段落を作り，段落が集まって節を作り，節が集まって章を作り，章が集ま

って，……そのようにして一つの文章ができあがります．

　著者は文章が持つ構造を意識する必要があります．文章を一つの精密機械にたとえるなら，語句，文，段落，節，章，……は，さまざまな大きさの部品になるでしょう．小さな部品を組み合わせて大きな部品を作り，大きな部品を組み合わせてさらに大きな部品を作り，やがて一つの精密機械に至ります．

　精密機械が正しく動作するためには，部品の一つ一つが正しく動作し，さらに部品同士がうまく関係する必要があります．文章も同じです．正確で読みやすい文章を書くには，語句，文，段落，節，章，……という部品について，

- 部品の一つ一つが正確で読みやすいこと
- 部品同士の関係がわかりやすいこと

に注意する必要があります．

　以下では，それぞれの《部品》について小さい順に話していきましょう．まずは語句からです．

2.4　語　　句

語句の役割

　一つの語句には一つの意味を与えます．一つの語句が文章のあちこちで違う意味を表してはいけませんし，逆に，同じ意味を表すのに複数の語句を使ってはいけません．

　これは第4章でも詳しく話します（p. 85）．

漢字とかな

接続詞・副詞・指示語は，ひらがなで書いた方が読みやすくなります．

  然し　　→　しかし
  若し　　→　もし
  例えば　→　たとえば
  従って　→　したがって
  全て　　→　すべて
  既に　　→　すでに
  此の　　→　この
  其の　　→　その
  或る　　→　ある

「とき・こと・もの」を形式的に表現するときも，以下のようにひらがなを使いましょう．

  〜する時　→　〜するとき
  〜する事　→　〜すること
  〜する物　→　〜するもの

たとえば，

  素数 p が整数 n を割り切るとき，
  p を n の素因数という．

に出てくる「とき」は「実際の時間」を意味していません．このようなときには，ひらがなを使うということです．

アラビア数字と漢数字

1, 2, 3のようなアラビア数字を使うか，一，二，三のような漢数字を使うかはしばしば議論になります．大まかなガイドラインを述べますが，形式の指示がある場合にはそちらを優先しましょう．

任意の自然数が入る場合には，**アラビア数字**を使うことが多いでしょう．nで置き換えられるものはアラビア数字で書くと考えればいいです．

- ○ 1人の男性　　　　　　（n人の男性といえる）
- ○ 2枚のドア　　　　　　（n枚のドアといえる）
- ○ 3パターンの行動（nパターンの行動といえる）

任意の自然数は入らず，一，二，三などに限って使う表現や慣用句の場合には，**漢数字**を使います．通常はnで置き換えられないものと考えましょう．

- ○ 一人きりで過ごす．
- ○ いま一つ理解できない．
- ○ 二の句が継げない．
- ○「三人寄れば文殊の知恵」という．

任意の自然数が入るけれども，実際には一，二，三程度であることが多い場合には，**アラビア数字と漢数字のどちらでも使う可能性があります**．ただし，一つの文章の中ではどちらかに統一した方が良いでしょう．

○ 一次式 二次関数 三次方程式 四次元の世界
○ 1次式 2次関数 3次方程式 4次元の世界

書　体

数式には専用の書体を使います．たとえば数式のエックスは x と書き，x とは書きません．

○ $x+y=z$
× x+y=z

数式の定数を表す文字には二種類の書き方があります．どちらが正しいということはありません．提出先の指示に従ってください．

書き方1　自然対数の底 e　虚数単位 i
書き方2　自然対数の底 e　虚数単位 i

関数や演算子のうち複数の文字からなるものは，sin のように書きます．sin とは書きません．

○　$\sin\theta$　$\cos\theta$　$\log x$　$x \bmod y$
×　$sin\theta$　$cos\theta$　$log x$　$x\, mod\, y$

数字は，123 と書きます．123 や $\mathit{123}$ とは書きません．

○　$4x^2+3x+21=0$
×　$\mathit{4x^2+3x+21=0}$

いわゆる半角文字と全角文字の違いを意識しましょう．

英数字列を書くときは，半角文字を使う方が無難です．

半角文字
Webページを表示して12秒が過ぎた．
http://example.com/ を再表示せよ．

全角文字
Ｗｅｂページを表示して１２秒が過ぎた．
ｈｔｔｐ：／／ｅｘａｍｐｌｅ．ｃｏｍ／を再表示
せよ．

記　　号

句読点として「、。」や「，．」や「，。」などのどれを使う
かは提出先の指示に従ってください．

疑問を表す「〜か」の後には疑問符（？）をつける必要
はありません．

証明できますか？
　　↓
証明できますか．

文章の中で論理の流れを説明するときには，∀, ∃, →,
∴などの記号を使わず，言葉を使います．もちろん，論理
学で記号そのものを扱う場合は除きます．

○　xは実数である．したがって$x^2 \geq 0$である．
×　xは実数である．∴ $x^2 \geq 0$である．

> ○ 任意の実数 x に対して，$x^2 \geqq 0$ が成り立つ．
> × 実数 $\forall x$ に対して，$x^2 \geqq 0$ が成り立つ．

カギカッコ（「 」）は短い引用や発言に使います．二重カギカッコ（『 』）は書名に使います．

> ○ ポリヤは『いかにして問題を解くか』で，
> このことを「定義にかえれ」と表現した．
> × ポリヤは「いかにして問題を解くか」で，
> このことを『定義にかえれ』と表現した．

列挙の順序を入れ替えてもかまわないときには，列挙の区切りにナカグロ（・）を使います．順序を入れ替えないときには，読点（、）やカンマ（,）を使います．

> ○ 信号は青，黄，赤の順に点灯する．
> × 信号は青・黄・赤の順に点灯する．

上の例では点灯する順序を述べていますので，ナカグロ（・）を使ってはいけません．もしも「信号には青・黄・赤の三色がある」なら，順序を入れ替えてもいいのでナカグロを使ってもかまいません．

書き言葉と話し言葉

書き言葉と話し言葉の区別を意識しましょう．軽い読み物では話し言葉も混ぜて書く場合がありますが，論文などの堅い文章では書き言葉を使います．

書き言葉	話し言葉
なぜなら	だって
ではないか	じゃないか
しかし・だが	けど・だけど
よって・ゆえに	なので

同音異義語

同音異義語に注意しましょう.

- 始め　初め　（はじめ）
- 聞く　聴く　利く　訊く　（きく）
- 撮る　取る　採る　捕る　（とる）
- 書く　描く　（かく）

どの語句が正しいか迷ったときには，熟語を考えて判断するのが良い方法です．たとえば「開始」という意味の「はじめ」は「始め」ですが，「最初」という意味の「はじめ」は「初め」になります．

要注意語句

この節では要注意語句を列挙します.

(1) 以上・以下

以上・以下はその数自身を含みますが，**より大きい・より小さい**はその数自身を含みません．

x は y 以上　　　　$x \geq y$

x は y 以下　　　　$x \leq y$

x は y より大きい　$x > y$

x は y より小さい　$x < y$

x は y 未満　　　　$x < y$

x は少なくとも y　　$x \geq y$

x はたかだか y　　　$x \leq y$

最大は「全体で最も大きい」ことを表し，**極大**は「ある範囲で最も大きい」ことを表します．最大なら極大でもありますが，極大だからといって最大とは限りません．

(2) 比例

「量 x が r 倍になると，量 y も r 倍になる」とき，x と y は互いに**比例**するといいます．

「量 x が増えたら，量 y が増える」というだけでは，数学的には比例といいません．

(3) 必要十分

「P ならば Q」のとき，P は Q の**十分条件**であるといい，Q は P の**必要条件**であるといいます．

「P ならば Q」であり，さらに「Q ならば P」でもあるとき，P は Q の**必要十分条件**であるといいます．

「P は Q の必要十分条件である」という表現を使うと，P が Q の唯一の必要十分条件であるように読めるので，「P

はQに対して必要十分である」という表現を使うべきと主張する人もいます.

(4) 否定・逆

「Pではない」をPの**否定**といいます. Pの「反対」とはいいません.

「PならばQ」という命題Aに対して,「QならばP」を命題Aの**逆**といいます.「PならばQではない」は命題Aの逆ではありません.

Pと, Pの否定が成り立つことを**矛盾**と呼びます.

(5) 適当

適当な整数とは, いいかげんな整数という意味ではなく,「この文脈にふさわしい適切な整数」という意味です.

「適当」は, 整数に限らず, 適当な点, 適当な回数, 適当な関数, 適当な区間などいろいろな場面で使います.

(6) 自明

証明や計算がたいへん難しいところでも**自明**で片づけてしまうというのは, 有名な数学書ジョークです.

「自明」は, ほんとうに自明なときにのみ使いましょう. 具体的には, 読者がすぐに「確かにそうだ」といえるときにのみ使いましょう. **明らか**や**トリビアル**も同様です.

(7) 同様に

同様には，ここまで述べてきた内容からすぐ推測できる場合に使います．

たとえば，証明 A に出てくる記号 ⋆ を記号 ∘ に置き換えるだけで証明 B が構成できるとしましょう．その場合，証明 A を具体的に書けば，証明 B の方は「同様に」として済ませられます．そうすれば，冗長な記述を避けることができて読みやすくなります．

2.5 文

文の役割

一つの文は一つの**主張**を行います．「A は B である」という肯定，「C は D ではない」という否定，「E しなさい」という命令，「F かもしれない」という推測など，文にはさまざまな種類があります．しかし，何らかの主張をしていることはまちがいありません．

ですから，良い文かどうかを判断するには，

　　　　これは，何を主張している文か

と自問するのがいいでしょう．主張の内容がはっきりわかるなら良い文で，そうでなければ悪い文です．

文は短く

文は短くしましょう．文が長いと，読みにくくなる恐れ

> **悪い例:長くて意味がわかりにくい文**
> 2個の整数aと整数bに,
>
> $$a = bq+r \quad (0 \leq r < |b|)$$
>
> という関係が成り立つような場合に,整数qと整数rが一意に定まるときの整数qを商といい,整数rを剰余というが,
>
> $$a \equiv r \pmod{b}$$
>
> と書いて,bを法として,aはrと合同であるという.

上の例は,とても読みにくい文です.これは,一つの文を使ってたくさんの主張を一度に行っているからです.

文を短くして,一つの文が一つの主張を行うようにすると,ずっと読みやすくなります.

> **改善例:短い文に分けた**
> 整数a, bに対して,関係
>
> $$a = bq+r \quad (0 \leq r < |b|)$$
>
> を満たす整数q, rが一意に定まる.このqを商という.またrを剰余という.このとき,
>
> $$a \equiv r \pmod{b}$$

と書く．これを「b を法として，a は r と合同である」という．

上の改善例は最善ではありませんが，ずっと読みやすくなっています．

長い文が常に読みにくいというわけではありません．文章を書き慣れた著者なら，長くて読みやすい文を書くこともできるでしょう．しかし，一般には短い文を心がけたほうが無難です．

長い文は改善もしにくいものです．自分の書いた文が読みにくいと感じたら，まずは短い文に分けてみるのは良い方法です．

長い文を複数に分ける例を以下に示します．

～であるが，～である．　→　～である．しかし，
　　　　　　　　　　　　　　～である．

～であり，～である．　→　～である．また，
　　　　　　　　　　　　　　～である．

～だから，～である．　→　～である．よって，
　　　　　　　　　　　　　　～である．

～のに対し，～である．　→　～である．これに対し，
　　　　　　　　　　　　　　～である．

～で，～で，～である．　→　まず，～である．
　　　　　　　　　　　　　　次に，～である．
　　　　　　　　　　　　　　最後に，～である．

逆接ではない「が」には特に注意しましょう．

> **悪い例：逆接ではない「が」**
> 次に複素平面を考えることにするが，すべての複素数は複素平面上の一点として表現できる．

上の例に出てくる「が」は，「しかし」で置き換えられないので逆接ではありません．この「が」は背景や文脈を提示するためのものです．これは文を長くする原因となりますので，できれば削除しましょう．

> **改善例：逆接ではない「が」を削除した**
> 次に，複素平面を考えることにしよう．すべての複素数は複素平面上の一点として表現できる．

他に，長い文を短くする例を示します．

長い　　円周率を計算することができる．
短い　　円周率を計算できる．

長い　　この実験などのような体験ができたりします．
短い　　この実験のような体験ができます．
さらに　このような体験ができます．

文は明確に
文は明確に書きましょう．

> **悪い例:不明確な文**
> その定義は正しいといえなくもないのではないか.

上の文は不明確です. 以下のように言い切れば明確な文に改善できます.

> **改善例1:明確な文**
> その定義は正しい.

改善例1を読んだ読者は「そうか『その定義は正しい』のだな」と, 主張をストレートに理解できます.

しかし, もしも著者が「そんなに言い切りたくない. もう少し含みを持たせたい」としたら, どう書けばいいのでしょう. 著者が含みを持たせたいなら, その「含み」とは何かを明確にする必要があります.「その定義は正しい」とは言い切れない理由を分析しましょう.

- その定義は正しい場合がある.
- その定義は解釈によっては正しい.
- その定義が正しかった時代もある.

このように分析した上で,

- 「正しい場合」とは, どんな場合か.
- 「解釈によっては」とは, どんな解釈か.
- 「時代」とは, どんな時代か.

と考えを進めていけば, 主張が明確になります. たとえ

ば，以下のようになるでしょう．

> **改善例2：明確な文**
> その定義は，実数では正しくない．しかし，複素数では正しい．

このように，文を明確に書くためには，著者は自分の主張を明確にしなければなりません．著者は，明確な文を書くために，

　　　ここで主張したいことは何か

と自分に問いかけましょう．著者が自分の主張を明確にできないなら，読者には何も伝わりません．

文を不明確にする恐れのある表現に注意しましょう．

　　二重否定　〜なくはない，〜ないわけではない
　　受け身　　〜と思われる，〜と考えられる
　　ぼかし　　たぶん，など，ともいえる，ちょっと，
　　　　　　　　かもしれない

このような表現がすべて悪いわけではありませんが，主張が不明確になっていないか，十分に注意してください．

「だ・である」と「です・ます」

一つの文章では，文末を「**だ・である**」(常体)と「**です・ます**」(敬体)のどちらかに統一します．説明文は「だ・である」で書くのが普通です．特に論文は「だ・である」に

なります．

　読者に親しく話しかける文章では，「です・ます」を使います．本書は「です・ます」で書いています．

　「です・ます」で書いた文章でも，箇条書きの中だけは「だ・である」にすることがあります．

場合分け

　場合分けは《もれなく，だぶりなく》行いましょう．

　　　〇　　　　$x \geq 0$ の場合は〜です．
　　　　　　　　$x < 0$ の場合は〜です．

　　　×**もれ**　$x > 0$ の場合は〜です．
　　　　　　　　$x < 0$ の場合は〜です．

　　　×**だぶり**　$x \geq 0$ の場合は〜です．
　　　　　　　　　$x \leq 0$ の場合は〜です．

　場合分けが二つの場合には，片方が他方の否定であることを明確に表します．

　　〇　$x = 0$ の場合は〜です．$x \neq 0$ の場合は〜です．
　　×　$x = 0$ の場合は〜です．$y > 0$ の場合は〜です．

事実と意見を意識する

　事実と**意見**の違いを意識しましょう．

　　事実　2 は素数である．

意見 2は小さい数である.

「2は素数である」は事実を述べています. 誰かの判断は入っておらず, 第三者が正誤を調べられるからです.

一方「2は小さい数である」は意見を述べています. 2が「小さい」という主張には判断が入っているからです. 第三者が正誤を調べることはできません.

ただし, 文章中で「ここでは10以下の数を『小さい』と呼ぶ」のように定義していれば,「2は小さい数である」は事実を述べていることになります.

読者への情報提供を主目的とした文章では, 事実と意見の区別が重要です. 特に, 自分の意見を客観的な事実のように書いてはいけません.

2.6 段　　落

段落の役割
一つの文が一つの主張を行うのと同じように, 一つの段落は一つの**まとまった主張**を行います.

段落は明確に
段落は明確に書きましょう.

最も大切なのは, 段落最初の文です. 多くの説明文では, 段落最初の文がその段落の主張をまとめた文 (トピック・センテンス) になります.

明確な段落を作るためには，段落の主張から外れた文が混じらないようにすることが大切です．段落は文の集まりであり，一つ一つの文はそれぞれ主張を持っていることを思い出しましょう．

悪い例：段落に余計な文が混じっている

　古典的確率とは，場合の数の比で定めた確率です．古典的確率では，同じ確からしさを持つ出来事を前もって決めておき，「注目している場合の数」を「すべての場合の数」で割った値を確率とします．高校までで学ぶ確率は古典的確率です．公理的確率は，確率の公理で定めた確率です．確率の性質を公理という形で定め，その公理を満たすものを確率とします．現代数学で用いる確率は公理的確率です．古典的確率は公理的確率と矛盾しませんし，直観的にもわかりやすいものですが，適用範囲は限られています．

上の例では「古典的確率」について述べている段落の中に，「公理的確率」について述べている文が混じっています．そのため，段落としてのまとまった主張がわかりにくくなっています．

以下のように段落を分けると明確になります．

改善例：段落を分けた

　公理的確率とは，確率の公理で定めた確率です．公理的確率では，公理という形で確率の性質を定め，そ

> の公理を満たすものを確率とします．現代数学で用いる確率は公理的確率です．
>
> 　それに対して，古典的確率は，場合の数の比で定めた確率です．古典的確率では，同じ確からしさを持つ出来事を前もって決めておき，「注目している場合の数」を「すべての場合の数」で割った値を確率とします．高校までで学ぶ確率は古典的確率です．古典的確率は公理的確率と矛盾しませんし，直観的にもわかりやすいものですが，適用範囲は限られています．

　上の改善例では，最初の段落が「公理的確率について」で，次の段落が「古典的確率について」というまとまった主張を行っています．このように段落を分ければ，読者は段落ごとにまとまった主張を受け取ることができます．これは，文章を読みやすくする良い方法です．

　段落を分けると，段落のまとまった主張が明確になります．すると読者は「ここまでは理解したが，ここからは理解していない」という《自分の理解の最前線》を把握することができます．

接続詞と文末を意識する

　段落を構成する文では，接続詞と文末を意識しましょう．接続詞と文末を意識すれば，段落における文の役割と，文と文との関係が明確になるからです．

> **悪い例：接続詞がなく文末が単調**
>
> 　集合の外延的定義は，要素を具体的に書いたものである．{1, 3, 5, 7}のように書くものである．その集合が何かよくわかる．
>
> 　外延的定義で無限集合を扱うのは難しいものである．無数の要素をすべて書き並べることは不可能である．{1, 3, 17, 41, ...}と書くものである．"..."で何が省略されているのか推測不可能である．

上の例は，読んでいると大変もどかしくなります．以下のように改善しましょう．

> **改善例：接続詞と文末を意識する**
>
> 　集合の外延的定義は，要素を具体的に書いたものである．たとえば，{1, 3, 5, 7}のように書くので，その集合が何かよくわかる．
>
> 　しかし，外延的定義で無限集合を扱うのは難しい．なぜなら，無数の要素をすべて書き並べることは不可能だからだ．たとえば，{1, 3, 17, 41, ...}と書いたとき，"..."で何が省略されているのかはわからない．

上の改善例では「たとえば・しかし・なぜなら」のような接続詞を使って文の関係を明らかにしています．また，文末にも変化をつけて読みやすくしています．

ちなみに，「ちなみに」は注意して使いましょう．「ちなみに」は，話の流れとは少し外れた内容を持ち出すときに

使うものです.少し外れていても,読者の理解を助けたり,読む意欲を増したりするならかまいません.しかし,文章から読者の意識をそらせたり,文章を長くするだけの「ちなみに」なら不要です.

引 用

引用は,他人の文章を自分の文章の一部としてそのまま使うことです.引用は,文章・写真・図表など著作物全般にありますが,ここでは文章として説明します.

引用は以下に示すルールを守って注意深く行わなければなりません.なぜなら,ちょっとしたミスで「引用」ではなく「盗用」と見なされてしまうからです.

出所を明記すること.これは,第三者が引用元へたどりつくための情報を明記するということです.引用した文章の著者名はもちろん,書籍,論文,雑誌などの名前,発行年,ページなどを明記します.文章を書く資料を調査するときには,後日引用することになってもいいように,必要な情報を控えておきましょう.

引用範囲を明記すること.自分の文章の中に,他人の文章を区別なく紛れ込ませてはいけません.短い場合には「 」で範囲を表し,長い場合には字下げを行った段落で範囲を表します.

一字一句そのまま写し,**改変しない**こと.引用した文章を勝手に書き換えてはいけません.もしも何らかの都合で書き換える必要があるなら,書き換えたことを明記しま

す．引用した文章の一部を強調したい場合にも「強調は筆者による」のように明記します．

主従関係に注意すること．自分で書いたものが「主」で，引用したものが「従」でなければなりません．

現代はインターネットなどを通じてさまざまな文章が電子的に入手できる時代です．コピー＆ペーストしただけで自分の文章に他人の文章が簡単に混じり込んでしまいます．うっかり他人の文章が混じらないように，自分の文章はしっかり管理しましょう．

2.7 節，章，……

節，章，……の役割

一つの語句は一つの意味を持ち，一つの文は一つの主張を行い，一つの段落は一つのまとまった主張を行うという話をしてきました．ここから先も同じように考えましょう．つまり，節，章，……という《部品》は，それぞれの**レベルごとのまとまった主張**を行うのです．

文章全体についても同様です．一つの文章は，それ全体**で一つの大きくまとまった主張**を行います．著者はそのことを意識しなくてはなりません．

文章全体を振り返って，

> これは，何を主張している文章か

と自問しましょう．

見出し

　節, 章, ……という《部品》には「見出し」がつきます. それぞれの《部品》の主張がはっきりしていれば, それを見出しにすることになるでしょう.

　一つの文章は一つの大きな主張を行います. もしそれがなければ, 文章の一貫性は失われます.《部品》がいくらよく書けていても, 単なる寄せ集めではいけませんね.

　すべての《部品》は, 読者に伝えたい一つの大きな主張に向かいます. 著者はそのことを常に意識して文章を作るのです.

　文章全体の主張が文章全体のタイトルになります.

　これは第7章「目次と索引」でも話します.

2.8　この章で学んだこと

この章では, 文章を書く基本について学びました.

- 内容を読者に伝えるため, 形式を大切にすること
- 文章の各レベルで「何を主張しているのか」を自問すること

次の章では, 順序立てて書く方法を学びましょう.

第 3 章

順序と階層

3.1 この章で学ぶこと

伝えたい内容の順序と階層を意識して書くと,読者が理解しやすい文章になります.

この章では,

- 順序——読みやすく並べること
- 階層——読みやすくまとめること

について学びましょう.

3.2 順　序

文章は，大きな塊(かたまり)のまま読者に提示してはいけません．分解し，読みやすい順序で提示しましょう．模式図で表すと以下のようになります．

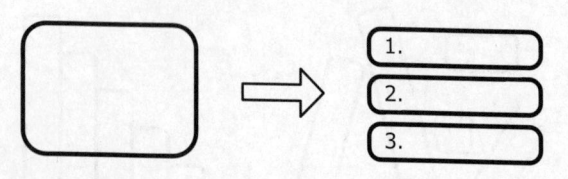

たとえ上の図のような番号がついていなくても，文章のあちこちには順序が隠れています．以下では，読みやすい順序について考えます．

自然な順序

読者が読みやすいように**自然な順序**で書きましょう．順序が混乱している文章は，読者を混乱させてしまいます．

> 悪い例：順序が混乱している
>
> 　私は，朝6時に目を覚まします．会社に着くのはおおよそ9時です．家を出るのは8時ですが，その前に7時までメールを読み，それから着替えて朝食を食べ，会社に出かけます．

上の例では時間が逆転しています．読者は「6時→9時

→8時→7時」という順序で文章を読むことになるので，途中で心の時計を逆転しなければなりません．

> **改善例：自然な順序に直した**
> 　私は，朝6時に目を覚まします．7時までメールを読み，それから着替えて朝食を食べます．家を出るのは8時です．会社に着くのはおおよそ9時になります．

　上の改善例では時間が逆転していません．読者は「6時→7時→8時→9時」という時間の流れに沿って文章を読むことができます．この改善例のほうが自然な順序で書かれており，読みやすい文章といえるでしょう．

時間の順序

　時間に関わる文章は，

　　　過去→現在→未来

の順序で書くのが自然です．場合によっては，

　　　未来→現在→過去

のように時間をさかのぼっていく方が自然なこともありますが，いずれにしても時間の流れは一方向です．「過去に戻ったかと思うと未来に進んで過去に戻る」のように，時間の順序が混乱した文章は避けましょう．

　時間の順序としては，以下のようなものがあります．

- 過去→現在→未来
- 朝→昼→夜
- 春→夏→秋→冬
- 一昨年→昨年→今年→来年→再来年

特に，歴史の流れを書くときには過去から未来へ流れる順序で書くのが良いでしょう．

歴史の流れを書いた例：フェルマーの最終定理

n 次のフェルマーの最終定理を $FLT(n)$ で表すことにしよう．17 世紀に，フェルマー自身が無限降下法を使って $FLT(4)$ を証明した．18 世紀に，オイラーが $FLT(3)$ を証明した．19 世紀に，ディリクレが $FLT(5)$ を証明し，ルジャンドルがその証明を補った．

上の文章は「17 世紀→18 世紀→19 世紀」のように過去から未来へ流れる文章になっています．

「$FLT(3)$→$FLT(4)$→$FLT(5)$」のように，$FLT(n)$ の n の値の順序で書くこともできますが，歴史の流れとしては読みにくくなるでしょう．

作業の順序

作業の順序は，時間の順序とほぼ同じで，

　　　　最初に何をする→次に何をする→最後に何をする

という順序で書くのが良いでしょう．作業の順序を逆順に

書くことはあまりありません．

作業の順序はマニュアルや手順書に頻繁に登場します．方程式の解き方，逆行列の求め方，式の変形，図の描き方など「何かをする方法」には必ず作業の順序が現れます．

> **例：線分 AB の垂直二等分線を描く手順**
> 最初に，点 A を中心とし半径を AB とする円 A をコンパスで描く．次に，点 B を中心とし半径を AB とする円 B をコンパスで描く．円 A と円 B の二つの交点 P と Q を結ぶ直線を定規で描く．この直線が，線分 AB の垂直二等分線である．

以下のように番号を付けると，順序がさらに明確になります．

> **例：線分 AB の垂直二等分線を描く手順**
> 1. コンパスで，点 A を中心とし半径を AB とする円 A を描く．
> 2. コンパスで，点 B を中心とし半径を AB とする円 B を描く．
> 3. 定規で，円 A と円 B の二つの交点 P と Q を結ぶ直線を描く．この直線が，線分 AB の垂直二等分線である．

上の例では，番号を付けるだけではなく各手順の形式も揃えていることに注意してください．3個の手順すべてが「コンパスで，」あるいは「定規で，」のように使う道具から

書き始めています．これは後ほど説明するパラレリズムの一種です（p. 80）．

空間の順序

空間の順序は，目に見える具体的なものを描写するときに使います．

高い建物のように上下に長いものを描写するなら，

> 上→中→下

あるいは，

> 下→中→上

のように書くのが自然でしょう．上と下を何度も行ったり来たりする文章は避けましょう．

左右に長いものを描写するなら，

> 左→中→右

の順番で書くと読みやすいでしょう．

どのような順番で書けば読みやすくなるかを判断する際には，「読みながら読者は何を思い描くのか」を想像することが大切です．《読者のことを考える》という原則を思い出してください．

空間の順序の例をいくつか挙げます．

- 上→中→下

- 頭→胴体→足
- 前→後
- 前→後→左→右（前後左右）
- 上→右→下→左（右回り）

ここに書いているのはあくまでも一例です．どんな場合でも，最終的な判断は著者が行う必要があります．

大きさの順序

大きさの順序に基づいて文章を書くとしたら，

　　小さい→大きい

という順序が良いでしょう．これも，

　　大きい→小さい

という逆順の方が自然な場合があります．しかし，何度も大きくなったり小さくなったりする文章は避けましょう．

長さ・面積・体積・重さ・温度・規模・数量などについても同様に，

- 短い→長い
- 狭い→広い
- 小さい→大きい
- 軽い→重い
- 低い→高い
- 小規模→大規模

- 少ない→多い

のように一定の順序（あるいはその逆順）で書くのが良いでしょう．

> **例：水の三態**
> 　1気圧での水の融点は0度，沸点は100度です．そのため水は，0度より低い温度では固体，0度から100度までは液体，そして100度より高い温度では気体となります．

上の例では，温度が「低い→高い」という順序で書かれています．その順序が二箇所にあることはわかりますか．一つは「融点→沸点」の箇所で，もう一つは「固体→液体→気体」の箇所です．

> **例：代数方程式と解の公式**
> 　1次から4次までの代数方程式には解の公式が存在しますが，5次以上の代数方程式には解の公式は存在しません．

上の例では，代数方程式の次数が「低い→高い」という順序で書かれています．「1次から4次まで」と「5次以上」ですね．

既知から未知へ

文章は，読者が既に知っていること（既知のこと）を先

に書き,読者が未だ知らないこと(未知のこと)を後に書くのが自然です.すなわち,

  既知 → 未知

という順序です.

　もう少し細かくいうと,以下のような順序になります.

- 最初に,既知のことを簡潔に書きます.
- 次に,既知と未知が混じっていることを少し詳しく書きます.
- 最後に,未知のことを詳しく書きます.

「読者にとって何が既知であり,何が未知であるか」をよく考え,「既知から未知へ」という順序をよく意識すると,読みやすい文章になります.

既知のことを提示すると,読者は抵抗なく文章に入り込むことができます.しかし,既知のことばかり長々と書いていてはくどくなりますから,簡潔にまとめなければいけません.

既知と未知が混じっていることを提示するときは,読者の理解を確認するのが良い方法です.簡単な例を出したり(第5章参照),文中で読者に問いかけたりします(第6章参照).そのようにすると,読者は文章を読みながら,未知の内容を受け入れる準備を整えることができます.

　準備が整ったところで**未知のこと**を詳しく提示します.このように「既知から未知へ」の順序で書くことで,読者

にとって読みやすい文章ができあがるのです.

> **例：既知から未知へ**
> 私たちは自然数と整数について学びました.
> また，整数の比で表せる有理数についても学びました. 0.5 や −3.333… はどちらも有理数です. なぜなら，0.5 は $\frac{1}{2}$ として，−3.333… は $-\frac{10}{3}$ として整数の比で表せるからです.
> ところで，$\sqrt{2}$ は有理数でしょうか. $\sqrt{2}$ は整数の比では表せないので有理数ではありません. それではこれから，整数の比では表せない数について学んでいきましょう.

上の文章では，自然数，整数，有理数，それ以外という順序で話を進めています. 自然数と整数については特に例を挙げていませんが，有理数については 0.5 と −3.333… という二つの例を挙げています. これで，理解がおぼろげな読者に思い出す手がかりを与えているのです.

ここでは，割り切れる 0.5 と，割り切れない −3.333… の二つの例を挙げています. また −3.333… は負数でもあります. もう一つ有理数の例を挙げるとしたら，何を挙げますか. 私ならば，$\frac{1}{7}$ すなわち 0.142857142857… を挙げます. これは −3.333… のように一種類の数が続くわけではないが有理数になる例だからです. 例の作り方については第5章でもお話しします.

なお「易しい→難しい」の順序で述べることも「既知か

ら未知へ」の順序で述べることの応用になります。少しずつ難しい内容になる順序で書けば、読者は読みやすいと感じるでしょう。

具体から抽象へ

具体的なものと抽象的なものについて書く場合、

　　　具体→抽象

の順序、つまり「具体から抽象へ」という流れで書くのが読みやすいでしょう。具体的なものの方が、抽象的なものよりも理解しやすいからです。

「具体から抽象へ」は「特殊から一般へ」あるいは「個別から一般へ」と表現することもできます。

例：具体から抽象へ

5人から2人を選び出して並べる場合の数を求めましょう。まず、5人から1人を選ぶ場合の数は5通りあります。また、残った4人から1人を選ぶ場合の数は4通りあります。ですから、5人から2人を選び出して並べる場合の数は、5×4＝20通りになります。

同じ考え方を使って、n人から2人を選び出して並べる場合の数を求めましょう。まず、n人から1人を選ぶ場合の数はn通りあります。また、残った$n-1$人から1人を選ぶ場合の数は$n-1$通りあります。ですから、n人から2人を選び出して並べる場合の数

> は，$n \times (n-1) = n(n-1)$ 通りになります．

上の例では，まず「5人」という特殊な場合を説明してから「n人」という一般の場合を説明しています．「特殊から一般へ」という順序になっていますね．

なお，上の例で「特殊な場合の説明」と「一般の場合の説明」が形式的に並行している点に注意してください．たとえば，一文だけピックアップしましょう．

特殊 まず，5人から1人を選ぶ場合の数は5通りあります．

一般 まず，n人から1人を選ぶ場合の数はn通りあります．

このように並行して書くと，読者は理解しやすくなります．このような書き方をパラレリズムといいます（p.80）．

さて，通常は「具体から抽象へ」の順序で述べる方がいいのですが，逆に「抽象から具体へ」あるいは「一般から特殊へ」という順序の方がわかりやすい場合もあります．それは，抽象的・一般的に述べた内容を理解してもらうために，具体例を提示する場合です．具体例については第5章で詳しくお話ししますので，ここでは具体例の具体例だけ示します．

> **例：一般から特殊へ（抽象から具体へ）**
> 有理数とは，整数の比で表される数のことです．た

> とえば，0.5 は有理数です．なぜなら，0.5 は $\frac{1}{2}$ のように 1 と 2 の比として表されるからです．でも，$\sqrt{2}$ は有理数ではありません．なぜなら，どのような整数 m と n を使っても $\sqrt{2}$ は $\frac{m}{n}$ の形では表せないからです．

上の例では「有理数とは……のことです」のように有理数のことを一般的に述べてから，具体例を出しています．

0.5 は有理数である例で，$\sqrt{2}$ は有理数ではない例です．一般的に述べた内容を具体例を使ってわかりやすくする際には，このように「あてはまる例」→「あてはまらない例」の順序で書くとわかりやすくなります．

細かい話ですが，上の例で m と n という二つの文字を導入する際に，$m \to n$ というアルファベットの順序で導入していることにもご注意ください．

定義と使用

新しい用語を使用するときには，きちんと定義する必要があります．なぜなら，ふだん使われていない新しい用語がいきなり文章に登場すると，読者はとまどってしまうからです．新しい用語は，

　　　定義 → 使用

という順序で書くのが基本です．

とはいうものの，用語をどれほど厳密に定義する必要が

あるかは，文章の種類や想定する読者によって大きく異なります．

学術論文では用語を厳密に定義する必要があることが多いですが，読み物では厳密な定義は必ずしも必要ではありません．むしろ，定義を簡略化し，具体例を豊富にした方が読者の理解を助けるでしょう．

たくさんの用語が出てくる文章では，定義の書き方に工夫が必要です．

一つは，「用語の定義」という節で定義する方法です．これは，一つの節に定義を集約してしまうやり方です．このようにすれば，読者が定義を確認したいときには「用語の定義」に戻れば良いことになります．ただし，用語を定義している場所と使用する場所が離れてしまうという欠点もあります．

もう一つは，それぞれの**用語を使用する直前で定義する方法**です．このようにすれば，用語を使用する場所のすぐそばに定義が置かれるため読みやすくなります．ただし，用語の定義が長々しいと話の流れが分断されてしまう危険性もあります．

さらに両者の折衷案として，**用語の使用直前では暫定的に定義し，文章の付録として厳密に定義する方法**もあります．このようにすれば，読み進める上での抵抗も少なく，定義の議論も付録で十分に書くことができるでしょう．

厳密に表現すると長くなってしまう場合に，**短い用語を使う**ことがあります．その場合には，読者に誤解を与えないようにきちんと伝える必要があります．

> 例：用語の使い方について
>
> 　なお，既約性について論じるときには，「$\mathbb{Q}$ 上で既約である」や「$\mathbb{Q}(\sqrt{2})$ 上で既約である」のように，どの体上での議論なのかを述べる必要がある．しかし，以下では $\mathbb{Q}$ 上での既約性のみを問題にするので，「$\mathbb{Q}$ 上で既約である」ことを単に「既約である」と書く．

上の例では「$\mathbb{Q}$ 上で既約である」ことを「既約である」と短く表現することを読者に伝えています．

> 例：略記の提示
>
> 　なお，ここでは "FooBar Development Environment Standard Edition, Version 3.14" のことを単に "FooBar" と呼ぶことにする．

上の例では "FooBar Development Environment Standard Edition, Version 3.14" という長々しい名前を，短く "FooBar" と言い換えることを読者に伝えています．

必要以上に多くの用語を導入しないのは良いことです．新しい用語を導入するのは，それが必要な場合に限ります．文章で使用することのない用語の導入は避けましょう．単に知ったかぶりをするために新しい用語を導入して

はいけません.

いつも《読者のことを考える》という原則を思い出しましょう. 読者を混乱させないことが定義の目的ですから, どのように定義を提示したら想定する読者の混乱を防ぐかを考えて書くことが大切です.

3.3 階　層

文章が長いときには, **階層**を作って読みやすくしましょう. 階層を作るというのは, 大きな塊を分解してできた要素をさらに何段階も分解し, いくつものレベルでまとまりを作るということです. 階層構造や入れ子構造ともいいます. 模式図で表すと次ページの図のようになるでしょう.

階層を作ることは, 長くて複雑な内容を文章にする上で必ず意識すべきことです. 以下では, 読みやすい階層を作る方法についてお話しします.

読みやすい階層を作るとは

読みやすい階層を作るとは, **どこに何が書いてあるかをわかりやすくすること**です. それは, **読者の期待通りの場所に期待通りのことを書く**ともいえます. それは, 生物を分類するのに似ています. たとえばライオンは動物界>脊索動物門>哺乳綱>食肉目>ネコ科>ヒョウ属に分類されていますし, バラは植物界>被子植物門>双子葉植物綱>バラ目>バラ科>バラ属に分類されています. ネコ属のと

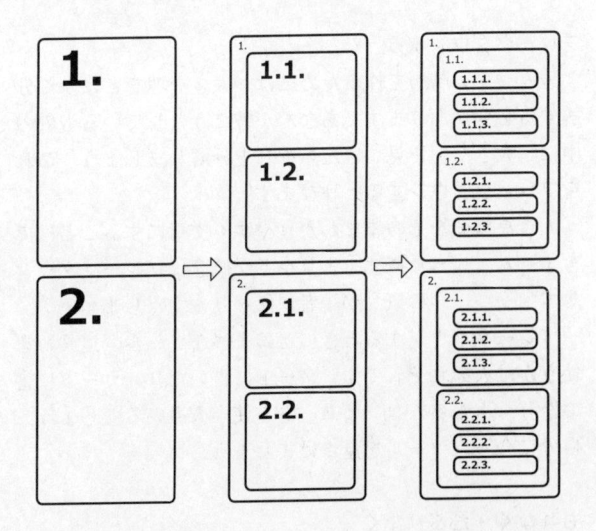

ころを見ればネコ属の動物たちが見つかりますし，バラ属のところを見ればバラ属の植物たちが見つかるでしょう．

　読みやすい階層を作るとは，**読者の驚きを最小にするように書く**ことでもあります．読者は目次を読んで「きっとこの場所にはこういうことが書いてあるな」と予想します．読みやすい階層を作るというのは，その読者の予想が当たるようにするということです．読者を出し抜いて驚かそうとしてはいけません．ネコ科のところにバラを置いてはいけないのです．

ブレークダウンする

　読みやすい階層を作るためには，大きな塊をとにかく分解する必要があります．あなたが書こうとしているものの中に，大きな塊（かたまり）を見つけたらそれを分解しましょう．これを**ブレークダウンする**と呼びます．

　大きな概念をそのままわかりやすく文章にすることはできません．大きな概念をより小さな概念にブレークダウンして，一つ一つの概念が読者に伝わりやすくします．

　ブレークダウンするときにどのようなツール（道具）を使うかは人それぞれです．ノートに書いたり，カードに書いたり，もちろんコンピュータを使う人もいるでしょう．自分に合ったツールを見つけましょう．

もれなく，だぶりなく

　読みやすい階層を作るためには，**もれなく，だぶりなく**書く必要があります．ブレークダウンを進めて，じゅうぶん小さな塊に分解できたら，それを並べてじっと眺めます．不足している要素（もれ）や，重複している要素（だぶり）はありますか．もれがあったら補い，だぶりがあったらまとめます．もれとだぶりを調べているうちに，まったく無関係な要素が見つかることもあります．その場合にはその要素を取り除きます．模式図で描けば次ページのようになります．

　たとえば，「一日の出来事」を書こうとしていて，「朝の様子」と「夜の様子」が書いてあったとします．当然「あ

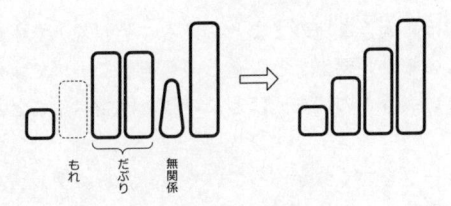

れ？　昼の様子は？」と思いますよね．これが「もれ」になります．

「もれなく，だぶりなく」という指針を忘れないように．

グループを作る

読みやすい階層を作るためには，**同じ粒度**を持つ要素を集めて**グループを作る**必要があります．

同じ粒度というのは，概念の大きさがそろっているということです．たとえば「1. ライオン，2. ネコ，3. ヒョウ，4. 哺乳類」というのは粒度がそろっていません．「4. 哺乳類」だけ大きな概念になっているからです．

グループを作るというのは，ある観点での仲間を作るということです．たとえば「1. ライオン，2. ネコ，3. ヒョウ，4. バラ」というのはグループとしておかしいですね．「4. バラ」だけがネコ科ではないからです．

要素の数とグループの数の調整は簡単ではありません．一つのグループにまとめる要素を少なくするとグループ数が多くなりますし，逆にグループ数を少なくしようとすると，グループ内の要素が多くなりすぎます．

人間は，大きな塊のままとらえることも苦手ですが，たくさんの細かい要素をとらえるのも苦手です．ですから，ほどよい大きさの塊を，ほどよい数だけ並べることが重要です．

　グループをいくつか作っていくと，さらにグループのグループが見つかってくることもあります．ここで「階層」が生まれはじめます．

　6時の様子，7時の様子，8時の様子，……と列挙していくうちに，6時から10時までは「朝の様子」とまとめ，11時から14時までは「昼の様子」とまとめ，14時から18時までは「午後の様子」とまとめ，……のようにすると，階層が作られていきます．

階層ごとに順序を整える

　読みやすい階層を作るためには，階層ごとに順序を整えることも必要になります．せっかく階層を作っても，昼→朝→夜のように順序が混乱してはわかりにくいでしょう．

　また，各階層のはじめに**概要・方針・要約**をぽんと提示しておくのも良い方法です．

少しずつ整える

　たった一度で階層はきれいにまとまりません．

　大きな塊をブレークダウンして，もれやだぶりをチェックして，グループを作って，順序を整えたとしても，文章を読み返してみると，あちこちにおかしなところが出てく

るものです．それはよくあることですから，失望する必要はありません．

　読者にとって読みやすい文章を書くために，著者は書き直しを行う必要があります．いったん文章を書いてから，時間をかけて文章を何度も読み返し，順序や階層を整えるのです．

　頭の中だけで考えているのと，実際に書いてみるのとではずいぶん違うものです．多くの場合，全体をあらあら書いてから時間を掛けて整える方がうまくいくでしょう．それは近似値の精度を次第に上げていくのに似ています．

3.4　表現の工夫

　ここまで，順序と階層についてお話ししてきました．以下では，順序や階層を読みやすくする表現の工夫についていくつかお話しします．

箇条書き
　箇条書きには，順序があるものとないものがあります．
　順序がない箇条書きは，項目の順序を入れ替えてもかまわないものです．この場合は「・」や「－」のようなマーカーを付けて項目を列挙します．組版を行うソフトウェアには箇条書きを表現する機能がありますので，それを使いましょう．マーカーは階層ごとに揃えます．そうすれば，同じマーカーによって，項目同士が同じ階層にあることが

わかります.

LaTeX の箇条書きは,同じレベルには同じ形式,違うレベルには違う形式に自動で組版されます.

- XXXXXXXXX
- YYYYYYYYY
  - YYYY
  - YYYYYYYY
  - YYYYYYYYYYYY
- ZZZZZZZZZ

順序がある箇条書きは,作業手順などのように順序に意味があるものです.1, 2, 3, ... のように番号を付けたり,(a), (b), (c), ... のようにアルファベットを付けたりするのは最も基本的な順序の表現です.

1. XXXXXXXXX
2. YYYYYYYYY
   (a) YYYY
   (b) YYYYYYYY
   (c) YYYYYYYYYYYY
3. ZZZZZZZZZ

数字から始まる項目が,見にくくならないように注意しましょう.

> **悪い例**
> 1. 3をキーボードで入力する．
> 2. 1番のボタンを押す．
> 3. 結果を見る．

上の悪い例では，3が1.3, 2が2.1に見えて誤解を招きますね．以下のように改善できます．

> **改善例**
> 1. キーボードで3を入力する．
> 2. ボタン1を押す．
> 3. 結果を見る．

列　挙

項目の列挙では，個数も書くとしっくりきます．

> **列挙だけの例**
> 　一つのサイコロを投げたときに出る目は，1, 2, 3, 4, 5, 6のいずれかになります．

上の例は間違ってはいませんが，物足りない印象です．

> **列挙と個数の例**
> 　一つのサイコロを投げたときに出る目は，1, 2, 3, 4, 5, 6という6通りのいずれかになります．

上の例では「6通り」という言葉を追加しています。個数を出した方が読者の心にしっくり来ます。この例では特に「場合の数」を印象づける効果もあるでしょう。

個数は列挙の前で述べても後で述べてもかまいませんが、個数は簡潔に表現できるので、前に述べた方が読みやすいことが多いでしょう。特に、列挙するものが多いときには前で述べたほうが良いですね。

悪い例：長くて息が苦しくなる

ここで，

F1: $((x) \vee (x)) \rightarrow (x)$

F2: $(x) \rightarrow ((x) \vee (y))$

F3: $((x) \vee (y)) \rightarrow ((y) \vee (x))$

F4: $((x) \rightarrow (y)) \rightarrow (((z) \vee (x)) \rightarrow ((z) \vee (y)))$

という4個の論理式を体系Hの公理とする。

上のように、見せるものの説明を後回しにし、しかも一つの文の中に列挙を埋め込んでしまうと、一文がとても長くなってしまうため、読んでいて息が苦しくなります。

改善例：息が苦しくならない

ここで、以下の論理式4個を体系Hの公理とする。

F1: $((x) \vee (x)) \rightarrow (x)$

F2: $(x) \rightarrow ((x) \vee (y))$

F3: $((x) \vee (y)) \rightarrow ((y) \vee (x))$

> **F4:** $((x)\to(y))\to(((z)\vee(x))\to((z)\vee(y)))$

上のように,はじめに説明や個数を示して一つの文を完結すると,箇条書きに入る前にいったん息を継ぐことができるので,息が苦しくなりません.

もう一つ別の文章を読んでみましょう.まずは,個数を後で述べたものから.

> **例:個数を後で述べた**
> 条件に当てはまるのは,
>
> $$(1,1),\ (2,2),\ (3,3),\ (4,4),\ (5,5),\ (6,6)$$
>
> の 6 通りです.

上の例のように書いても悪くはありませんが,以下のように改善できます.

> **改善例:個数を前で述べた**
> 条件に当てはまるのは以下の 6 通りです.
>
> $$(1,1),\ (2,2),\ (3,3),\ (4,4),\ (5,5),\ (6,6)$$
>
> すなわち,サイコロの目が二つとも等しいときになります.

上の例では「6 通り」という個数を前で述べています.なお,上の例では「……の 6 通りです」と述べた後,駄

目押しのように「サイコロの目が二つとも等しいとき」と述べています．このように付加的な情報を付け加えると読みやすくなります．

考えてみると，上の例では一つのものを三通りで表現していることになりますね．

- 「$(1,1), (2,2), (3,3), (4,4), (5,5), (6,6)$」という具体的な列挙．これは外延的な表現といえます．
- 「6 通り」という個数．これはいわば誤り防止のためのチェック用の数です．
- 「サイコロの目が二つとも等しいとき」という性質の説明．これは内包的な表現といえます．

このような，一つのものを複数の方法で表現した文章を読んだ読者は，自分の理解を無意識のうちに確認しながら先へ進むことになります．これは「自分は正しい道を歩いているな」という安心感につながり，読書の意欲を増す効果があります．

書　体

書体（フォント）の区別は重要です．書体によって読者に付加的な情報を伝えることができるからです．

強調するところでは書体を変えます．アルファベットでは*イタリック体*または**ボールド体**を使い，日本語では**ゴシック体**を使います．

イタリック体	This is *important*.
ボールド体	This is **important**.
ゴシック体	これは**重要**です.

数式で使うアルファベットには数式用の書体を使います. p. 32 も参照してください.

〇 x に y を加えると $x+y$ になる.
× x に y を加えると x+y になる.

プログラムや,ユーザがコンピュータに入力するコマンドには,**等幅フォント**を使うことがあります.

キーボードから `shutdown` と入力してください.

字下げ

長い引用を明確にするためには**字下げ(インデント)**を使います. 引用については p. 49 も参照してください.

悪い例:字下げがない

ガリレオ・ガリレイは真理を見つけることについて次のように述べたという [123].

いったん発見されれば,どんな真理も理解するのは容易である. 大切なのは,真理を発見することだ.

確かにガリレオにも一理ある. しかし,〜

上の例では引用した部分がぱっと見ただけではわかりません. 以下のように字下げで改善できます.

> **改善例:引用を字下げで表現した**
> 　ガリレオ・ガリレイは真理を見つけることについて次のように述べたという [123].
>
> 　　いったん発見されれば,どんな真理も理解するのは容易である.大切なのは,真理を発見することだ.
>
> 　確かにガリレオにも一理ある.しかし,〜

　重要な数式を別行立てにして目立たせることもあります.p. 109 を参照してください.

パラレリズム

　パラレリズムとは,**内容的に対比**させるものを**形式的にも対比**させる技法です.

> **悪い例:パラレリズムを使っていない**
> 　大切なのは,愛を受けることではない.
> 　与える愛を大事にしなければならないのだ.

　上の例では,「愛を受ける」と「愛を与える」という二つの対比が明確ではありません.それは「受ける」と「与える」の二つを形式的に対比させていないからです.

> **改善例:パラレリズムを使う**
> 　大切なのは,愛を受けることではない.

愛を与えることだ．

上の改善例ではパラレリズムを使って二つのものを対比させています．

別の例を見てみましょう．

> **悪い例：パラレリズムを使っていない**
> メソッドはクラスの性質を定めますが，フィールドもそうです．「情報を保存する場所」がフィールドであり，変数のようなものです．メソッドは関数に相当し「情報を処理する方法」といえるでしょう．

上の例ではメソッドとフィールドという二つのものを説明していますが，ごちゃごちゃして明確ではありません．これは，内容的に対比すべき点を形式的に対比させていないからです．

> **改善例：パラレリズムを使う**
> クラスの性質は，フィールドとメソッドで定まります．フィールドは「情報を保存する場所」であり，メソッドは「情報を処理する方法」です．フィールドは変数に似ており，メソッドは関数に似ています．

上の改善例では，文章を使って以下のような対比を表現していることになります．

```
フィールド　情報を保存する場所
メソッド　　情報を処理する方法
```

なお「パラレリズムとは，内容的に対比させるものは形式的にも対比させる技法です」という表現も「内容的」と「形式的」を対比させるためパラレリズムを使っています．

3.5 この章で学んだこと

この章では，順序と階層を意識することを学びました．

読者は，文章全体を一度に把握することはできません．文章を少しずつ読みながら，少しずつ把握していきます．順序や階層に混乱があると，現在読んでいる内容が全体の中でどういう位置づけなのかがわかりませんので，読んだ内容を自分の中で整理しなおす手間がかかります．

著者は，読者の代わりに内容を前もって整理しましょう．読者は，心の中でジグソーパズルを組み立てている人のようなものです．もしも著者が，パズルのピースを順序立てて読者に渡すなら，読者はパズルを容易に組み上げることができるでしょう．しかし，読者に対してでたらめな順序で渡すなら，読者はパズルを組み上げることが困難になりますね．

順序と階層を意識して文章を書くのは，読者が読み進む苦労を軽減するためです．これもまた《読者のことを考える》という原則に従っているのです．

次の章では，読みやすい数式や命題を書く方法についてお話しします．

第4章

数式と命題

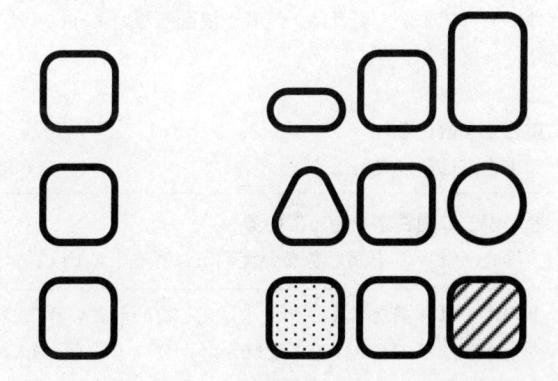

4.1 この章で学ぶこと

この章では，数式や命題をどのように書けばわかりやすくなるかをお話しします．特に，

- 読者を混乱させない
- 読者に手がかりを与える（メタ情報）

というポイントをお話しします．

4.2 読者を混乱させない

数式まじりの文章は，こみいった内容になることが多いものです．ですから著者は，読者が混乱しないように工夫しなければなりません．

二重否定を避ける

二重否定は避けましょう．

> **悪い例：二重否定を使っている**
> 等式 $f(x)=0$ を満た$\dot{さ}\dot{な}\dot{い}$実数 x は存$\dot{在}\dot{し}\dot{な}\dot{い}$．

上の例では「満たさない」と「存在しない」という二つの否定が重なっており，文の意味がわかりにくくなっています．下の例のように修正すれば，二重否定を避けて同じ主張を表現できます．

> **改善例：二重否定を避けている**
> 任意の実数 x に対して，等式 $f(x)=0$ が成り立つ．

一般に「$P(x)$ ではない x は存在しない」は「任意の x に対して $P(x)$ が成り立つ」と言い換えることができます．

なお，「任意の実数 x に対して」という表現は数学的に十分厳密ですが，そう書くのがもっとも良いとは限りません．想定する読者によっては，単純に，

> いつも $f(x)=0$ が成り立つ.

だけですむ場合もあるでしょう.

同じ概念には同じ用語を使う

同じ概念には同じ用語を使いましょう.

> **悪い例：同じ概念に異なる用語を使っている**
> G は群だから, 積について閉じている. つまり, a, b を G の任意の元とすると, 積 ab も G の要素となる.

上の例では, 同じ概念に対して「元」と「要素」という異なる用語を使っています.「元」と「要素」は同義語なので数学的に誤りとはいえませんが, 一つの文章の中で同じ概念に異なる用語を使うのは避けましょう. 読者の混乱を避けるため, どちらかに統一すべきです.

> **改善例：同じ概念に同じ用語を使っている**
> G は群だから, 積について閉じている. つまり, a, b を G の任意の元とすると, 積 ab も G の元となる.

上の改善例では「元」に統一しています.

なお,「元のことを要素とも呼ぶ」のように書いて, 同義語を読者に紹介するのは悪いことではありません.

異なる概念には異なる用語を使う

異なる概念には異なる用語を使いましょう.

> **例：異なる概念に同じ用語を使っている**
> 1から9までの数を使って3桁の数を作ります．いったい何通りの数が作れるでしょうか．同じ数を何度使ってもかまいません．

上の例では，

使うもの 1, 2, 3, ..., 9

と，

作るもの 111, 112, 113, ..., 998, 999

という二つの概念の両方に「数」という同じ用語を使っています．悪いとまではいえませんが，以下のようにした方が読者の混乱は少ないでしょう．

> **改善例：異なる概念に異なる用語を使っている**
> 1から9までの数字を使って3桁の数を作ります．いったい何通りの数が作れるでしょうか．同じ数字を何度使ってもかまいません．

上の改善例では，使うものに「数字」，作るものに「数」という用語を使っています．「1から9までの数字が書かれたカードがたくさんあります」のように「カード」という新たな用語を導入する方法もあります．

異なる概念には異なる表記を使う

異なる概念には異なる表記を使いましょう.

> **悪い例:異なる概念に同じ表記を使っている**
>
> このアルゴリズムの実行時間を $T(n)$ で表すことにする. $T(n)$ は〜
>
> 次に平均の実行時間を考察しよう. 以下では, $T(n)$ は平均の実行時間を表すものとする. $T(n)$ は〜
>
> 最後に, 最悪の実行時間を調べる. これ以降, $T(n)$ は最悪の実行時間を表すものとする. $T(n)$ は〜

上の例では, 実行時間, 平均の実行時間, 最悪の実行時間という三つの情報すべてに $T(n)$ という一つの表記を割り当てています. これでは読者が混乱します. 以下のように異なる概念には異なる表記を使いましょう.

> **改善例1:アクセント記号で区別する**
>
> このアルゴリズムの実行時間を $T(n)$ で表すことにする. $T(n)$ は〜
>
> 次に, 平均の実行時間を $\overline{T}(n)$ で表すことにする. $\overline{T}(n)$ は〜
>
> 最後に, 最悪の実行時間を $T'(n)$ で表すことにする. $T'(n)$ は〜

上の例では, 実行時間, 平均の実行時間, 最悪の実行時間という三つの情報に対して, それぞれ $T(n)$, $\overline{T}(n)$,

$T'(n)$ という三種類の表記を用意しています。これによって読者の混乱を防ぐことができます。

ここでは T というベースになる文字に対して、横棒を付加した文字 $\overline{T}$ やプライム記号を付加した文字 T' を使いました。このようなアクセント記号によって「似ているが異なる情報である」ことを表しています。この他にも $\hat{T}$, $\tilde{T}$, $\acute{T}$, $\grave{T}$, $\ddot{T}$, $\check{T}$, $\dot{T}$ などが用いられることがあります。右肩に記号を乗せて T^* のようにする場合もあります。

ベースの文字に記号を付加するのではなく、以下のようにまったく異なる文字を使う場合もあります。

改善例2：異なる文字を使う

このアルゴリズムの実行時間を $T(n)$ で表すことにする。$T(n)$ は〜

次に、平均の実行時間を $A(n)$ で表すことにする。$A(n)$ は〜

最後に、最悪の実行時間を $W(n)$ で表すことにする。$W(n)$ は〜

上の例では、$T(n)$, $\overline{T}(n)$, $T'(n)$ の代わりにそれぞれ $T(n)$, $A(n)$, $W(n)$ という表記を使っています（"A" は Average で "W" は Worst のつもり）。これで違いは明確になりましたが、T のような共通の文字がなくなってしまったので「似ている情報である」という手がかりはなくなりました。

文字列を使って、$T(n)$, $T_{平均}(n)$, $T_{最悪}(n)$ のように意味

を直接的に示す方法もあります.しかし,このような式が文章中にたくさん出てきたらうるさく感じる読者もいるでしょう.

呼応を正しく

言葉の呼応を意識しましょう.

たとえば「温度が熱い」という表現は誤りです.「温度」は「熱い/冷たい」ではなく「高い/低い」と表現するものだからです.ですから,正しくは「温度が高い」あるいは「物体が熱い」のように表現します.

- × 温度が熱い
- ○ 温度が高い

「定理を解く」という表現は誤りです.「定理を証明する」あるいは「定理を示す」が正しい表現です.定理は「解く」ものではありません.「解く」ものは「方程式」や「問題」です.

- × 定理を解く
- ○ 定理を証明する
- ○ 定理を示す

- × 方程式を証明する
- ○ 方程式を解く

「関数 $f(x)$ が成り立つ」という表現は誤りです.「成り

立つ」は真偽が定まる主張に対して用いるものだからです．$f(x)=0$ や $f(x)>0$ ならば真偽が定まる主張なので，「$f(x)=0$ が成り立つ」や「$f(x)>0$ が成り立つ」と書けます．「命題 P が成り立つ」は正しい表現です．

- × 関数 $f(x)$ が成り立つ
- ○ 等式 $f(x)=0$ が成り立つ
- ○ 命題 P が成り立つ

実数は「多い／少ない」ではなく「大きい／小さい」で表現します．少と小は字も似ているので注意しましょう．

- × 条件を満たす最少の実数 r
- ○ 条件を満たす最小の実数 r

人数や個数の場合は「大きい／小さい」ではなく「多い／少ない」で表現します．

- × 条件を満たす最小の人数
- ○ 条件を満たす最少の人数

必要な文字だけを導入する

文字は，必要なものだけ導入しましょう．

たとえば，

> 群 G の位数 p が奇数の場合，～が成り立つ．

という文では G と p という二つの文字を導入しています．

この後の文章で G や p を実際に使うならこれでかまいませんが,そうでなければこれらの文字を導入する必要はありません.文字を書かず,

> 群の位数が奇数の場合,〜が成り立つ.

とするだけで十分です.文字が増えると読者の負担も増えますので,必要なものだけ導入しましょう.

添字を単純にする

集合 A の要素を列挙するときに,

$$A = \{a_1, a_2, a_3, \ldots\}$$

のように添字を用いることがあります.a_k の k の部分が添字です.添字は小さい文字になるので,複雑になりすぎないように注意しましょう.

「集合の集合」「列の列」「一覧の一覧」について書くとき,a_{k_j} のように添字が二重になる危険性があるので特に注意します.二重添字はできるだけ避けましょう.

「集合の集合」の要素を添字付きで A_k と表してしまうと,A_k の要素は a_{k_j} のように書くことになってしまいます.A_k ではなく A として説明すれば二重添字を避けることができます.

$e^{i\pi}$ の指数部分 $^{i\pi}$ も小さな文字になります.指数部分が複雑になるようなら,$e^{指数部分}$ を $\exp(\textbf{指数部分})$ という表記にした方が読みやすくなります.たとえば,

$$e^{\frac{1}{12x} - \frac{1}{360x^3} + \frac{1}{1260x^5} - \frac{1}{1680x^7} + \frac{1}{1188x^9}}$$

という式は，

$$\exp\left(\frac{1}{12x} - \frac{1}{360x^3} + \frac{1}{1260x^5} - \frac{1}{1680x^7} + \frac{1}{1188x^9}\right)$$

のように読みやすくなります．

定義の確認，指示語の確認

用語を定義するときには，定義がきちんと機能しているかを確認しましょう．定義が機能しているかどうかは，用語を定義に置き換えて読めば確認できます．

同じように，「これ」「それ」「あれ」「この」「その」「あの」などの指示語が出てきたなら，それが何を指しているかを確認しましょう．指示語を「指している言葉」で置き換えて読めば確認できます．

省略のテンテン

列挙の省略で用いるテンテンを意識しましょう．

要素が有限個（n 個）の場合には，

> 要素を $a_1, a_2, ..., a_n$ とする．

のように書きます．テンテンの前後にもコンマ（,）が入っていることに注意してください．次のようにコンマを省略するのは誤りです．

× 要素を $a_1, a_2...a_n$ とする.

一般項を a_k のように明示したいときには,

要素を $a_1, a_2, ..., a_k, ..., a_n$ とする.

のように入れます.この場合もコンマを忘れないように注意します.

無限個の場合には,

要素を $a_1, a_2, ...$ とする.

のように書きます.一般項を明示したいときには,

要素を $a_1, a_2, ..., a_k, ...$ とする.

のように書きます.

テンテンの前に具体的な要素を列挙する場合,通常は2個か3個を列挙します.

2個を列挙した場合 $a_1, a_2, ...$
3個を列挙した場合 $a_1, a_2, a_3, ...$

想定する読者によっては $a_1, ...$ のように1個ですませる場合もありますが,いささか大胆です.一つの文章では個数を一貫して使いましょう.

テンテンの個数をむやみに多くしてはいけません.

○ 要素を $a_1, a_2, ...$ とする.
× 要素を $a_1, a_2, ...$ とする.

○ したがって，1＝0.999… が成り立つ．
× したがって，1＝0.999……… が成り立つ．

テンテンの位置にも注意しましょう．次の場合にはテンテンは低い位置に並びます．

要素を $a_1, a_2, \ldots$ とする．

しかし，コンマなしで数字が並ぶ場合にはテンテンは中ほどの高さに並びます．

○ したがって，1＝0.999… が成り立つ．
× したがって，1＝0.999... が成り立つ．

ただし，出版社ごとにルールが定まっていることもあります．

順序は一貫して

列挙しているものの順序を説明の途中で変えてはいけません．最初に A, B, C の順序で始めたなら，ずっと A, B, C の順序で説明を続けます．

> **悪い例：順序が一貫していない**
> 時間に応じて変化する光の強さを調べましょう．赤色，緑色，青色の光の強さを $r(t)$ と $g(t)$ と $b(t)$ で表すと，以下の式が成り立ちます．

$$\begin{cases} b(t) = 3\gamma \\ g(t) = 3\alpha t^2 + 2\beta t + \gamma \\ r(t) = 2\alpha t - \gamma \end{cases}$$

$b(t)$ については，〜です．$g(t)$ については，〜です．$r(t)$ については，〜です．

上の例では，赤・緑・青の三色について述べていますが，式の順序が一貫していません．最初は $r(t)$, $g(t)$, $b(t)$ の順序だったのですが，途中で $b(t)$, $g(t)$, $r(t)$ の順序になっています．

一貫した順序になおした例が以下になります．

改善例：順序が一貫している

時間に応じて変化する光の強さを調べましょう．赤色，緑色，青色の光の強さをそれぞれ $r(t)$, $g(t)$, $b(t)$ で表すと，以下の式が成り立ちます．

$$\begin{cases} r(t) = 2\alpha t - \gamma \\ g(t) = 3\alpha t^2 + 2\beta t + \gamma \\ b(t) = 3\gamma \end{cases}$$

$r(t)$ については，〜です．$g(t)$ については，〜です．$b(t)$ については，〜です．

上の例では一貫して「赤色，緑色，青色」および「$r(t)$, $g(t)$, $b(t)$」の順序で説明していますね．このように一貫した順序で説明すると，読者の驚きと混乱が減って読みや

すくなります.

上の例で使われている「それぞれ」という表現にも注意しましょう.「赤色, 緑色, 青色の光の強さをそれぞれ $r(t)$, $g(t)$, $b(t)$ で表す」という表現で,

赤色 …… $r(t)$
緑色 …… $g(t)$
青色 …… $b(t)$

という対応を示しています.

左辺と右辺の順序

数式の左辺と右辺を不用意に交換すると, 読者は混乱します.

悪い例：左辺と右辺を不用意に交換

サイズが n の数列のすべての順列は $n!$ 通りで, 外部ノードの数はたかだか 2^h 個である. 比較木はすべての順列を葉として持つので次の不等式が成り立つ.

$$n! \leq 2^h$$

底が 2 の対数を取って次が成り立つ.

$$h \geq \log_2 n!$$

上の例では, 文章の途中（対数を取るところ）で左辺と右辺を交換しています. このような文章では読者は混乱し

ます.

> **改善例:左辺と右辺を交換していない**
>
> 外部ノードの数はたかだか 2^h 個で,サイズが n の数列のすべての順列は $n!$ 通りである.比較木はすべての順列を葉として持つので次の不等式が成り立つ.
>
> $$2^h \geq n!$$
>
> 底が2の対数を取って次が成り立つ.
>
> $$h \geq \log_2 n!$$

上の例では,左辺と右辺は交換していません.交換が起きないように不等式を $2^h \geq n!$ で始めたからです.

なお,最初の文にも注目してください.「……たかだか $\underline{2^h}$ 個……順列は $\underline{n!}$ 通り……」での式の登場順序と,左辺 (2^h) と右辺 ($n!$) という式での登場順序が一致しています.つまり,文と式のあいだでも,左辺と右辺の交換は起きていません.

一文は短く

一文は,短く書いた方が読みやすくなります.

> **一文を長く書いた例**
>
> 確率変数 X が取る値を $c_0, c_1, ..., c_k, ...$ とし,$X = c_k$ が成り立つ確率を $\Pr(X = c_k)$ で表し,確率変数 X の

期待値 $E[X]$ を $E[X]=\sum_{k=0}^{\infty} c_k\cdot\Pr(X=c_k)$ で定義すると，確率変数 $X+Y$ の期待値 $E[X+Y]$ について $E[X+Y]=E[X]+E[Y]$ が成り立つ．

上の例では，たった一文で，

- c_0, c_1, ..., c_k, ...
- $\Pr(X=c_k)$
- $E[X]=\sum_{k=0}^{\infty} c_k\cdot\Pr(X=c_k)$
- $E[X+Y]=E[X]+E[Y]$

という 4 個のものを説明しています．想定する読者によりますが，それぞれを個別に述べた方が読みやすくなるでしょう．

さらに，この一文では「期待値の定義」と「$X+Y$ の期待値」という二点について述べています．これは大きく分けた方が良いでしょう．

一文を短く抑えた例

確率変数 X の期待値 $E[X]$ を次式で定義する．

$$E[X] = \sum_{k=0}^{\infty} c_k\cdot\Pr(X=c_k)$$

ただし，

- c_0, c_1, ..., c_k, ... は，確率変数 X が取る値
- $\Pr(X=c_k)$ は，$X=c_k$ が成り立つ確率

をそれぞれ表す．

このとき，次式が成り立つ．

$$E[X+Y] = E[X]+E[Y]$$

　上の例では，もっとも重要な「期待値の定義」を別行立てにして目立たせた上で，そこに使われている表記の説明を箇条書きにしています．このようにすると，重要なステートメントがわかりやすくなります．

　一文が長くなるのは，たくさんの情報をその中に無理に押し込めようとするからです．無理に情報を押し込むのではなく，大事な情報は何か，情報の相互関係はどうなっているかを読者に伝えるようにしましょう．

4.3　読者に手がかりを与える（メタ情報）

メタ情報

　数式まじりの文章では，読者に数式の意味をよく理解してもらうことが大切です．そのためには，理解の手がかりとなる**メタ情報**が役に立ちます．

　メタ情報とは「情報についての情報」です．たとえば，

- そこに書かれた P は何なのか
- その主張は定義なのか定理なのか

などに答える情報のことです．そのようなメタ情報は，読者が文章を理解する大きな手がかりになります．

文字に対するメタ情報

文字にはメタ情報を付けましょう．

> **悪い例：メタ情報がない**
> P は C 上にあるとしよう．

上の例では，P と C という二つの文字が書かれていますが，それが何を意味しているかはわかりません．

> **改善例：メタ情報がある**
> 点 P は曲線 C 上にあるとしよう．

上の例では，「点 P」や「曲線 C」のように明記されていますので，文字の意味を読者は自然に読み取ることができます．ここでは「点」や「曲線」がメタ情報です．

> **悪い例：メタ情報がない**
> a, b, c に対して，$a^2+b^2=c^2$ が成り立つとき，(a, b, c) をピタゴラス数と呼ぶ．

上の例では，a, b, c という文字が何を表しているかわかりません．もしかしたら，この文章の前後の文脈から a, b, c が自然数を表していることが推測できるのかもしれませんが，そのような推測をさせるのは好ましくありません．読者への負担になるし，正確さを失う可能性もあるからです．

たとえば，以下のように改善します．

4.3 読者に手がかりを与える（メタ情報）

> **改善例：メタ情報がある**
>
> 自然数 a, b, c に対して，等式 $a^2+b^2=c^2$ が成り立つとき，自然数の三つ組 (a, b, c) をピタゴラス数と呼ぶ．

上の例では，「a, b, c」と書く代わりに「自然数 a, b, c」とメタ情報を付けています．このようにすると，a, b, c が何を表しているかがはっきりします．

その他にも，「等式 $a^2+b^2=c^2$」や「自然数の三つ組 (a, b, c)」のようにメタ情報が付いているので，読者は自然に読むことができます．

ところで「自然数」という用語には注意が必要です．日本の小学校から高校まではほぼ一貫して「自然数」という用語を「1 以上の整数」すなわち 1, 2, 3, ... を表すものとして扱います．しかし，大学や一般の数学書では自然数に 0 を含める場合もあります．

ですから，想定する読者によっては，自然数をどちらの意味で用いているかを明記するのが良いでしょう．「自然数」という用語を避けて，「非負整数 (0, 1, 2, ...)」や「正整数 (1, 2, 3, ...)」を用いる方法もあります．試験問題の場合，自然数の定義が解答に大きな影響を与えるので，特に注意が必要です．

数に対するメタ情報

メタ情報は著者の意図を明確にします．

> **悪い例:メタ情報がない**
> $\frac{8}{30}$ の 8 と 30 を 2 でそれぞれ割ると,$\frac{4}{15}$ を得る.

上の例では,$\frac{8}{30}$,8,30,2,$\frac{4}{15}$ がメタ情報なしで書かれています.まちがった主張ではありませんが,著者の意図がわかりにくくなっています.

> **改善例:メタ情報がある**
> 分数 $\frac{8}{30}$ の分子 8 と分母 30 を最大公約数の 2 でそれぞれ割ると,既約分数 $\frac{4}{15}$ を得る.

上の例のようにメタ情報を少し補うだけで,著者の意図がずいぶん明確になります.

メタ情報の意味を明確に

メタ情報が役に立つのは,メタ情報として使う用語の意味を読者が理解している場合に限ります.たとえば,

正規拡大 L/K が〜

と書くためには,読者が「正規拡大」の意味を理解していなければなりません.メタ情報として使う用語は,前もって読者に理解してもらう必要があるのです.

ところで,用語には,表記が少し変わるだけで大きく意味の変わるものがあります.たとえば,

自己同型 σ

と,

  体 K 上の自己同型 σ

という二つの表現の違いは「体 K 上の」の有無だけですが,意味は大きく異なります.想定する読者が誤解する危険がある場合には,「体 K 上の」の有無によって意味がどう変わるかを説明しておく必要があります.

 さらに,まったく同じ表記なのに文脈で意味が変わる用語もあります.たとえば,「位数」という群論の用語は,<u>群</u>に対して使う場合と,<u>群の要素</u>に対して使う場合で意味が異なります.読者が混乱しそうな場合には,必要に応じて「群の位数」のように言葉を補うと良いでしょう.

文字の使い方
 もしも,

  x を定数とする.

という文を見かけたら一瞬ぎくっとします.x という文字を定数に使うことは少ないからです.

 アルファベットのどの文字をどのような目的で使うかは,慣習としてある程度定まっています.ですから,数式で使う文字をどのように選ぶかは,読者にとって重要な手がかりになります.

 一般的な文字の使い方の例を以下に示します.

a, b, c, d, e	定数として
f, g, h	関数として
i, j, k, l	添字として
m, n	整数や添字として
p, q	整数や素数として
r, s, t, u, v, w	実数やパラメータとして
x, y, z	未知数や変数として

上のような慣習があるため,「$ax^2+bx+c=0$」という式が何の説明がなくても「未知数xに関する2次方程式」に見えるのです. 慣習を守ることは, 読者の負担を減らすので良いことです.

しかし, 慣習はあくまでも読者の負担を減らすためのヒントにすぎません. 文字が何を表しているかは明示的に表現しましょう.

定義なのか定理なのか

数式の羅列は何も主張しません.

悪い例：数式の羅列

$$f(x)=(x-\alpha)(x-\beta)$$
$$x=\alpha$$
$$x-\alpha=0$$
$$f(\alpha)=0$$

上の例は、数式を羅列しただけで、何も主張していません。何を定義し、何を仮定し、どんな推論をして、結論として何を導いたのかといった思考の流れが何も表現されていないからです。

> **改善例：思考の流れを表現している**
> 関数 $f(x)$ を $f(x)=(x-\alpha)(x-\beta)$ で定義する。
> $x=\alpha$ と置くと、$x-\alpha=0$ がいえる。
> したがって、$f(\alpha)=0$ が成り立つ。

上の例では、

- 〜を〜で定義する。
- 〜と置くと、〜がいえる。
- したがって、〜が成り立つ。

のようなメタ情報を明記して思考の流れを表現しています。

長い文章になると、メタ情報の役割はさらに重要になります。一般に、数式まじりの文章では、以下のようにたくさんの種類の主張が登場します。

- 背景となる情報、考え方、歴史
- すでに証明されていて分かっていること
- 概念の導入を行うための、よく知られている事象
- 定義
- 定理（主張したい命題）

- 定理の証明
- 定理の具体例
- 問題（読者に対する問いかけ）や解答
- その他

　いま読んでいる部分は，概念を表現するために著者が行った「定義」なのか，あるいは証明すべき新しい「定理」なのか．そこを読み間違えると読者は大きく混乱します．読者が混乱しないようメタ情報を適切に書きましょう．

　もっとも確実なのは，定義，定理，証明，公理，補題，系，例などと明示的に書いてしまうことです．そうすれば，読者が誤解をする危険はなくなります．

　ただし，いちいち「定義 1.2」などと明記しなくても，適切に文末を整えるだけで十分な場合もあります．

　「定義」の場合には以下のように書きます．

- 〜を〜と定義する．
- 〜を〜と呼ぶ．
- 〜を〜と表記する．
- 〜を〜と書く．

「命題」の場合には以下のように書きます．

- 〜が成り立つ．
- 〜が成立する．
- 〜がいえる．

命題が推論によって導かれた場合には，以下のように書きます．

- ～によって，～が成り立つ．
- したがって，～が成立する．
- だから，～がいえる．

特に，一般によく知られている定理や，証明が別の文献に書かれている定理などでは，

- ～が成り立つことが知られている．

と表現することがあります．

「具体例」は，以下のように書きます．

- たとえば，～である．
- この例として，～がある．

数学書では「～から命題 Q を導ける」ことを表すのに「～から命題 Q が<u>従う</u>」と表現することがあります．

接続詞は道案内

接続詞は読者を導くための道案内です．

「しかし」「また」「したがって」「その一方で」「以上のことから」「たとえば」「ただし」といった言葉は，文章という森の中を歩き回る読者を導く役割を持っています．

文章中に「たとえば」と書かれていれば，読者は「この次には具体例が書かれているのだな」と思います．「以上

のことから」と書かれていれば,読者は「この次には結論が書かれているのだな」と思います.

つまり読者は,接続詞の後に書かれている文を読む以前に,心の準備ができるのです.これは読者にとって大きな助けです.

逆に,著者が接続詞の使い方を誤ると読者はすぐに道に迷ってしまいますので注意が必要です.

あいまいさをなくす

文章のあいまいさをなくしましょう.

> **悪い例:あいまいな文章**
> 1, 2, 4, 8, 16 を表すコインで,指定された金額を支払うことにします. ……

上の例は,どこがあいまいでしょうか.もっとも大きなあいまいさは「コインは何枚あるのか」が不明な点です.

たとえば,以下のように改善してみましょう.

> **改善例**
> 額面が 1 円, 2 円, 4 円, 8 円, 16 円となっているコインが 1 枚ずつあります.このコインを使って指定された金額を支払うことにします. ……

上の改善例では「1 枚ずつ」という言葉を補ってあいまいさをなくしています.

また,悪い例では一つの文で書かれていた内容を,改善

例では二つの文に分けています．一つ目の文はコインの状況を表し，二つ目の文はコインを使って行う課題を表しています．このように分けることで読者が読む負担を減らしています．

別行立ての数式

強く主張したければ，別行立ての数式を使います．

別行立ての数式とは，数式を文中に埋め込むのではなく独立した段落として提示した数式のことです．**ディスプレイ数式**ともいいます．別行立てで書けば，その数式が重要であることが読者にはっきり伝わります．

> 別行立てにしていない例
>
> 直角三角形の三辺を a, b, c で表し，c を斜辺とする．このとき，三平方の定理より，$a^2+b^2=c^2$ が成り立つ．

上の例に特に問題はありません．しかし，等式 $a^2+b^2=c^2$ が特に重要であることを読者に伝えたいならば，下のように別行立ての数式を使います．

> 別行立てにした例
>
> 直角三角形の三辺を a, b, c で表し，c を斜辺とする．このとき，三平方の定理より，
>
> $$a^2+b^2=c^2$$

が成り立つ.

なお,読者を誤解させる危険があるので,誤りを別行立てで書いてはいけません.

> **悪い例:誤りを別行立てにした**
> ただし,データベースを破壊する危険がありますので stopThread メソッドを用いるのは誤りです.
>
> ```
>     worker.stopThread();
> ```
>
> 中断したい場合には interruptThread メソッドを用いてください.

上の例では,用いてはいけない場合が別行立てになっています.これではうっかりものの読者が誤りの方を覚えてしまう危険性があります.

> **改善例:誤りを別行立てにしない**
> ただし,データベースを破壊する危険がありますので stopThread メソッドを用いるのは誤りです.中断したい場合には interruptThread メソッドを用いてください.
>
> ```
>     worker.interruptThread();
> ```

上の改善例では用いるべき場合を別行立てにしました.どうしても誤った方を別行立てにしたい場合には,誤り

であることを明記し,できれば正しいものも併記しましょう.

誤りを別行立てにする場合の例

ただし,データベースを破壊する危険がありますので stopThread メソッドを用いるのは誤りです.

　×誤り
　`worker.stopThread();`

中断したい場合には interruptThread メソッドを用いてください.

　〇正しい
　`worker.interruptThread();`

上の例では,誤りに対して「×誤り」と明記しています.これで読者が誤解する危険は少なくなります.

等号を揃える

複数行にわたる数式では等号を縦に揃えます.

悪い例:等号を揃えていない

$$(a+b)(a-b) = (a+b)a - (a+b)b$$
$$= aa + ba - ab - bb$$
$$= a^2 - b^2$$

上の例では各行を中央揃えにしているだけで, 等号 (＝) は揃えていません. これでは数式が読みにくくなります.

改善例：等号を揃えた

$$(a+b)(a-b) = (a+b)a-(a+b)b$$
$$= aa+ba-ab-bb$$
$$= a^2-b^2$$

上のように等号 (＝) を揃えると読みやすくなります.

文章中の数式を「ほげほげ」する

数式まじりの文章は, たとえ数式を「ほげほげ」と書き換えても読めるようになっていなくてはなりません. つまり, 数式を塗りつぶしても文章の構造は正しくなっていなければならないということです.

数式まじりの文章

y に関する3次方程式,

$$ay^3+by^2+cy+d = 0$$

が与えられたとする ($a \neq 0$). ここで,

$$y = x-\frac{b}{3a}$$

という変数変換を行うと, x に関する以下の3次方程式ができる.

$$x^3+px+q=0$$

このとき, p, q を a, b, c, d で表せ.

数式を「ほげほげ」と読む

y に関する 3 次方程式,

ほげほげ

が与えられたとする（ほげほげ）．ここで,

ほげほげ

という変数変換を行うと, x に関する以下の 3 次方程式ができる．

ほげほげ

このとき, p, q を a, b, c, d で表せ.

このように数式を「ほげほげ」と読むと，意味はわからなくなりますが，構造は確認できます．

以下の文章はどこがおかしいかわかりますか．

構造がおかしい文章

自然数 k について $P(k)$ であると仮定すると,

$$1+3+5+\cdots+(2k-1) = k^2$$

両辺に $(2(k+1)-1)$ を加えて整理すると,

$$1+3+5+\cdots+(2k-1)+(2(k+1)-1) = (k+1)^2$$

$P(k+1)$ が成り立つ.

複雑な数式を「ほげほげ」と読んで構造を確認してみましょう.

悪い例の構造を「ほげほげ」で確認する

自然数 k について $P(k)$ であると仮定すると,

$$\text{ほげほげ}$$

両辺に（ほげほげ）を加えて整理すると,

$$\text{ほげほげ}$$

ほげほげが成り立つ.

上の例では, 二箇所で文が完結していないこと, つまり, 文が尻切れトンボになっていることがわかります.

言葉を補って構造を直した文章

自然数 k について $P(k)$ であると仮定すると, 下線{以下が成り立つ}.

$$1+3+5+\cdots+(2k-1) = k^2$$

両辺に $(2(k+1)-1)$ を加えて整理すると,

$$1+3+5+\cdots+(2k-1)+(2(k+1)-1) = (k+1)^2$$

> が成り立つ．つまり $P(k+1)$ が成り立つ．

　数式を書くときには，その内容はもちろん大切ですが，文章の中にきちんと数式を収めることも大切です．数式を「ほげほげ」と読むと，文章中にきちんと収まっているかの確認がしやすくなります．

4.4　この章で学んだこと

　この章では，数式と命題についてお話ししました．特に重要な点として，

- 読者を混乱させない
- 読者に手がかりを与える（メタ情報）

について学びました．いずれも，読者のことを考えたポイントといえます．

　次の章では，わかりやすさを大きく左右する「例」の作り方についてお話しします．

第5章
例

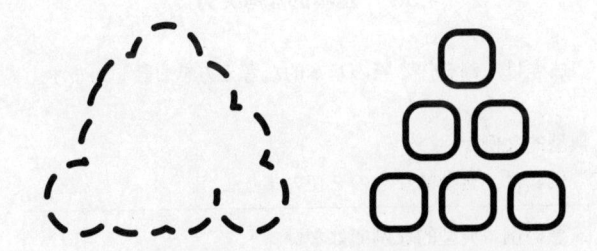

5.1 この章で学ぶこと

　この章では，良い例の作り方を考えましょう．

　読者は例で納得します．抽象的な説明が続くと読者は「具体的にはどういうこと？」と疑問に思い，具体的な例が示されて「ああ，そういうことか」と納得するものです．ですから，説明文に例を書くことは重要です．

　しかし，ただ例を書けばいいというものではありません．適切な例は読者の理解を助けますが，不適切な例は理解を妨げたり，読者を誤解させたりするからです．

なお「例」には「具体例」や「実例」など，さまざまな呼び名があります．この章では総称して「例」と呼ぶことにします．この章では「例の例」をお見せすることになりますね．

5.2 基本的な考え方

まずは，例を作る際の基本的な考え方をお話しします．

典型的な例
例には，典型的なものを使いましょう．

> **悪い例：典型的な例ではない**
> 1以上の整数を自然数と呼びます．たとえば，3251837 は自然数です．

上では，自然数の例として 3251837 というたった一つの数を挙げていますが，これは良い例ではありません．3251837 は自然数を代表する典型的な数とはいえないからです．

> **改善例：典型的な例**
> 1, 2, 3, ... のような，1以上の整数を自然数と呼びます．

上の改善例では，自然数の例として 1, 2, 3, ... を示しています．これを見ると「ああ，こういうものを自然数とい

うんだね」とわかります.

読者は,典型的な例を見て納得するのです.

極端な例

典型的な例を挙げた後なら,極端な例を追加してみせるのはかまいません.

> **極端な例を追加した**
> 1, 2, 3, ... のような,1以上の整数を自然数と呼びます.1以上の整数ですから,3251837 のようにとても大きな数も自然数です.

上では,先ほど不自然な例とした 3251837 を例として使っていますが,これは悪くありません.それは,すでに「1, 2, 3, ...」という典型的な例を読者に示しているからです.典型的な例を挙げた後で,とても大きな自然数の例として 3251837 を出したことになります.

例を作るときには「どんな説明に対する例なのか」を意識しなければなりません.「典型的な自然数」の例としては 3251837 は不適切ですが,「とても大きな自然数」の例としては 3251837 はそれほど不適切ではありません.

ところで,「とても大きな自然数」の例として 3251837 は最適でしょうか.もしかしたら,100000000(1億)のような素直な例の方が適切かもしれませんね.

あてはまらない例

「あてはまる例」と「あてはまらない例」の両方を挙げると読者の理解が深まります.

> **あてはまらない例も挙げると良い**
>
> 1, 2, 3, ... のような, 1 以上の整数を自然数と呼びます. 0 や −1 は自然数ではありません.

上では, 自然数にあてはまる例として 1, 2, 3, ... を挙げた後, 自然数にあてはまらない例として 0 と −1 を挙げています. これを読むと「そうか, 1 以上という条件があるから, 0 や −1 は自然数じゃないんだね」とわかります.

−1 を例に出すことで, 読者は「そうか, −2, −3, −4, ... といった負の数はすべて自然数じゃないんだな」と考えるかもしれません. 良い例は, 読者の思考を導きます.

もう少し長い文章を読んでみましょう.

> **あてはまる例とあてはまらない例**
>
> 自然数 a と b の最大公約数が 1 に等しいとき,「a と b は互いに素である」という. たとえば, 12 と 7 の最大公約数は 1 に等しいので, 12 と 7 は互いに素である. 一方, 12 と 8 の最大公約数 4 は 1 に等しくないので, 12 と 8 は互いに素ではない.

上では, 「互いに素」に関して二つの例を挙げています. 互いに素である例 (12 と 7) と互いに素ではない例 (12 と 8) です. 前者は「あてはまる例」で, 後者は「あてはまら

ない例」といえるでしょう.

互いに素である例(あてはまる例)をたくさん挙げても悪くはありませんが, 互いに素ではない数の例(あてはまらない例)を挙げると読者の理解を助けます. コントラストが強い写真のように, 説明したい概念がくっきりと浮かび上がるからです.

上で挙げた二組の例は, それぞれ二個の自然数からなっていますが, その自然数の選び方にも注目してください.

12 と 7　互いに素である例(あてはまる例)
12 と 8　互いに素ではない例(あてはまらない例)

2 個の自然数のうち一つ (12) は共通にし, 他方は近い数 (7 および 8) にしています. つまり, 12 と 7, 12 と 8 という似た二組でありながら, 前者は「あてはまる例」で, 後者は「あてはまらない例」になっています. 見た目はそっくりなのに違う性質を持つ二組を例として選んだのです.

もし, 以下のように見た目がまったく違う二組を例に選んだとしたら, 焦点が少しぼけた例になったでしょう.

焦点が少しぼけた例
自然数 a と b の最大公約数が 1 に等しいとき, 「a と b は互いに素である」という. たとえば, 12 と 7 の最大公約数は 1 に等しいので, 12 と 7 は互いに素である. 一方, 36 と 44 の最大公約数 4 は 1 に等しくないので, 36 と 44 は互いに素ではない.

上では「12 と 7」と「36 と 44」のようにまったく違う二組の数を例に挙げています．あまりにも違うので，ここで説明したい「互いに素」という概念がくっきりと示されていません．

一般的な例

一般的な例を作るときは，特殊な条件が付加されないようにします．

たとえば，平面上の三点について一般的な説明をするときは，三点を一直線上に並べてはいけません．

一般の整数の性質について述べるときは，1 や，素数や，素数の冪を例に使うのはできるだけ避けましょう．

また，一般の三角形について説明するときは，直角三角形や正三角形のような特殊な三角形を描いてはいけません．「直角の角がある」や「等しい辺がある」という条件が付加されてしまうからです．

読者の知識を考慮した例

例は読者の理解を助けるものですから，読者の知識を考慮して作る必要があります．

読者にとってわかりやすいもの，読者がよく知っているもの，読者が慣れ親しんでいるものから例を挙げるのが良い方法です．ですから，想定する読者がどんな人なのかを著者が十分に理解していればより適切な例を作ることができます．

たとえば，数学の「関数」の例を挙げるとしましょう．もしも読者が数式に慣れていないとしたら，$y = \sin x$ や $y = e^x$ のように数式で関数の例を挙げるのは不適切です．「なるほど，関数とはそういうものか」と納得するよりも「この $\sin x$ とは何か，e^x とは何か」という疑問が先に立ってしまうからです．

数式に慣れていない読者に対して，グラフを使って関数の例を見せるのは良い方法です．日常生活でグラフを見る機会は多いでしょうから，数式に慣れていない読者にも納得してもらえる可能性が高くなります．その場合，数式を出さなければ $y = \sin x$ や $y = e^x$ のグラフを使ってもかまいません．

三角形の例として三角定規を挙げることは悪くありません．三角定規は読者が慣れ親しんでいる可能性が高いからです．しかし，三角定規は「正方形を二等分した三角形」と「正三角形を二等分した三角形」というきわめて特殊な条件が付加されていますから，一般的な三角形の例としては不向きです．

5.3　説明と例の対応

例は，読者が説明を理解するために挙げるものですから，説明と例がきちんと対応している必要があります．

内容の対応

例は、説明する内容に対応していなければなりません。

> **悪い例：説明と例が対応していない**
>
> 要素の順序が変わっても、集合としては変わらない。たとえば、
>
> $$\{1, 2, 3, 4, 5, 6, 7\}$$
>
> という集合と、
>
> $$\{3, 1, 4, 4, 5, 5, 2, 2, 6, 7\}$$
>
> という集合は等しい。

上の例では、「要素の順序が変わっても、集合としては変わらない」と説明して例を出しています。しかし、

- $\{1, 2, 3, 4, 5, 6, 7\}$
- $\{3, 1, 4, 4, 5, 5, 2, 2, 6, 7\}$

という二つの集合は「順序」だけではなく「重複の有無」も変わっています。これでは読者は混乱します。

下のように、説明と例を対応させて「要素の順序だけが変わった例」にした方が良いでしょう。

> **改善例：説明と例が対応している**
>
> 要素の順序が変わっても、集合としては変わらない。たとえば、

> {1, 2, 3, 4, 5, 6, 7}
>
> という集合と,
>
> {3, 1, 5, 4, 2, 6, 7}
>
> という集合は等しい.

なお,上の例で,すべての要素の順序を変えているわけではない点にも注目してください. 1, 2, 3, 5 は変えていますが, 4, 6, 7 は変えていません.「すべての要素の順序が変わっている」という特殊な条件が付加しないようにしているのです.

表記の対応

説明と例との間では,表記を対応させましょう.

> **悪い例:説明と例の対応がはっきりしない**
>
> 自然数 a, b の最大公約数を A とし,最小公倍数を B とする.このとき,
>
> $$ab = AB$$
>
> が成り立つ.
>
> たとえば,18 と 24 では,6 と 72 になるから,積を計算して,
>
> $$18 \cdot 24 = 432$$
> $$6 \cdot 72 = 432$$

となり，確かに成り立つ．

上では，説明と例との対応がはっきりしません．それは，18, 24, 6, 72 のような具体的な数の意味がわからないからです．いくら著者が「確かに成り立つ」と書いても，読者は「確かにそうだ」と思えません．

なお，自然数 a, b に対して，最大公約数と最小公倍数をそれぞれ A, B としていますが，これは不適切な文字選択です．a と A および b と B があたかも直接関連しているように見えてしまうからです．

以下に改善した文章を示します．

改善例：説明と例の対応がはっきりしている

自然数 a, b の最大公約数を M とし，最小公倍数を L とする．このとき，

$$ab = ML$$

が成り立つ．

たとえば，$a=18$ で $b=24$ のとき，最大公約数は $M=6$ で，最小公倍数は $L=72$ となる．ab と ML を計算すると，それぞれ，

$$ab = 18 \cdot 24 = 432$$
$$ML = 6 \cdot 72 = 432$$

となり，確かに $ab=ML$ が成り立つ．

上では，説明に使った a, b, M, L という文字を例の中でもそのまま使っているので，説明と例との対応がよくわかります．

また，計算結果 432 が二通りの計算で一致することがここでは重要なので，二カ所に出てくる 432 を縦に揃えていることにも注目してください．

最後に「確かに成り立つ」と主張するところも見てください．何が成り立っているのかが明確になるように，

　　　確かに成り立つ．

ではなく，

　　　確かに $ab=ML$ が成り立つ．

と書いています．

対応の確認

例を挙げた後，まとめとして，

　　　これは〜の例になっています．

のように説明と例の対応を確認するのは良いことです．いま挙げた例がどの説明に対応するのかはっきりするからです．長い例では，何を説明していたのか読者が忘れている場合があるので特に有効です．

また，対応の確認は

> 説明→例

という順序で話を読んできた読者の関心を，例から説明へ戻す効果もあります．

　説明と例との対応をきちんと確認しないと，読者は「具体的なので書かれていることの意味はわかるけれど，そもそも著者の言いたいことは何なのかわからない」という状況に陥ってしまいます．

　著者にとっては，「何を説明する例なのか」ということは自明に思えます．しかし読者にとっても自明とは限りません．「何を説明する例なのか」をあえて書き，対応を確認しましょう．

対応する例の存在

　例を挙げるために，長い解説や詳細な条件設定が必要な場合，段落や節を改めて例を挙げることになります．

　そのような場合，読者に対して，

> 具体的な例は次の節で示します．

のように前もって断っておくと良いでしょう．そうすれば，読者は「後で例が出てくるならがんばって読もう」と意欲を出してくれるからです．

5.4 例の働き

ちょっと視点を変えて「例の働き」を考えてみましょう.

概念を描く

例は,概念を読者の心に描きます.

自然数の例として1を読者に与えると,読者の心の中には1を中心として自然数のイメージが描かれます.さらに2や3という例を与えると,自然数という概念のイメージがより正確に描かれていきます.それは代表的な点をサンプリングして図形を描いていくのと少し似ています.

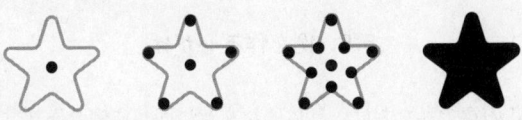

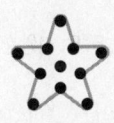

自然数ではない例として −1 を読者に与えると,読者の心に描かれた自然数という概念のイメージが急に引き締まります.それは,図形の背景を描いてコントラストを上げることに似ています.

概念の境界線上にある例も大切です.それは,図形の縁取りをすることに似ています.

適切な例を挙げるのは,読者の心に概念の姿を正確に描く助けとなるのです.

説明を助ける

例は，文章や数式で書かれた説明を助けます．

文章は概念を正確に表現するために重要です．特に数式まじりの文章は概念を厳密に表現するために欠かせません．しかし，文章や数式だけで概念を説明すると，どうしても長く抽象的になり，読者は「だいたいわかったけれど，ピンと来ないなあ」となりがちです．

適切な例は，文章や数式を飛び越えて読者の心に届きます．説明を読んで「だいたいわかった」状態になったところで例は駄目押しをしてくれます．

だからこそ，例を作るときには意識的に説明と対応させることが大切なのです．

5.5 例を作る心がけ

この章で私たちは，具体的な文章に即して例の作り方を考えてきました．ここで「心がけ」を二つ紹介します．

自分の知識をひけらかさない

例は読者の理解を助けるものであって，著者が読者に自分の知識をひけらかすためのものではありません．

「自分はこんなに難しい例も知っているんだぜ」のように自慢する気持ちで例を作ると，著者の独りよがりに終わる危険性があります．たとえば典型的な例を出ししぶったり，説明したい内容から外れた例を出してしまったりする

危険性です.

「この例は読者の理解を助けるか」と自問しましょう.

自分の理解を疑う

良い例は良い理解から生まれます. もしも良い例が作れないなら, 自分の理解を疑いましょう.

例は嘘をつきません. ある説明についての良い例が作れないとき, 自分の理解が足りない場合もありますし, 説明が誤っている場合すらあります.

書籍『数学ガール』には《**例示は理解の試金石**》というスローガンが登場します. このスローガンをわかりやすく言い換えるなら,

> 自分が理解しているかどうか試したかったら,
> 例を作ってみよ.
> 例を作れたなら, あなたは理解している.
> 例を作れないなら, あなたは理解していない.

となります. 例は, 自分が「理解しているかどうか」をテストする試金石といえるでしょう.

自分の理解が足りないのに, 読者に理解してもらう文章を書くことは不可能です.

「良い例を作れるくらい, 自分はこの概念を理解しているだろうか」と自問しましょう.

5.6 この章で学んだこと

この章では,例の作り方を学びました.

例を作る上での基本的な考え方を,以下のような「例の例」を通して見てきました.

- 典型的な例
- 極端な例
- あてはまらない例
- 一般的な例
- 読者の知識を考慮した例

また,以下のことも学びましたね.

- 説明と例の対応づけ
- 概念を描き,説明を助けるという例の働き
- 例を作る心がけ

良い例は,読者の理解を深め,強い納得感を生み,先を読む意欲を読者に与えてくれる大切なものです.

良い例は読者への「問いかけ」にも使えます.具体的な例を読者へ見せて「わかりますか」と問いかければ,読者は自分の理解を確かめてくれるからです.その確認がリズミカルに行われるなら,とても読みやすい文章が生み出されます.

では,そのような問いかけはどのようにして行えばいい

のでしょうか. 次の章「問いと答え」では, それを考えることにします.

第6章

問いと答え

6.1 この章で学ぶこと

> 「任意の自然数は素数と合成数のいずれかである」
> といえますか.

 このように著者が問いかけると,その問いに答えるために読者は考え始めます.

 読者がどのような答えを導くかはさておき,著者の問いに対して,読者が考えをめぐらせてくれるのは大切なことです. 著者が適切に問えば,読者の理解をうながすことに

なるからです.

この章では「問いと答え」について,

- 問いと答えは呼応する
- どう問うか
- 何を,いつ問うか

という順序で説明します.

この章では,「問い」と「答え」という用語を総称的に使います.すなわち,著者が読者に対して出す問題をすべて「問い」と呼び,それに対する解答をすべて「答え」と呼ぶことにします.

たとえば,文章中に溶け込んでいる「問いかけ」も,本の章末に置かれている問題1-1のような「章末問題」も,合わせて「問い」と呼ぶことにします.

6.2 問いと答えは呼応する

問いには答えが必要

問いには答えが必要です.

読者に対して問いかけたなら,それに答えましょう.

> **悪い例:問いかけに答えていない**
> それでは「任意の自然数は素数と合成数のいずれかである」といえるでしょうか.1は素数ではありませんし,合成数でもありません.1のことを単数といい

ます．

　上の例では「〜といえるでしょうか」と読者に問いかけておきながら，それに答えていません．問いかけの直後で「素数でもなく合成数でもない数」について述べていますから，暗黙のうちには答えていることになります．しかし，「はい，いえます」または「いいえ，いえません」のように明確に答えていませんね．これは悪い例です．

　読者がせっかく考えるのですから，出した問いに対しては明確に答えを与え，読者の心にもやもやが残らないようにしましょう．

　上の例は，以下のように改善できます．

改善例：問いかけに答える
　それでは「任意の自然数は素数と合成数のいずれかである」といえるでしょうか．いいえ，いえません．1は自然数ですが，素数でも合成数でもないからです．1のことを単数といいます．

　上の改善例では，問いかけの後に「いいえ，いえません」と明確に答えています．これによって読者の心がすっきりと収まります．文学作品の場合には読者に対して問いを投げかけて終わることもありえます．しかし，説明文の場合には問いだけで終わるのは良くありません．それは，不完全終止のまま中断した音楽のように不自然です．

もちろん，数学の未解決問題のように答えがまだ見つかっていない問いもありえます．その場合には「この問いに対する答えはまだ見つかっていない」ということを読者に示しましょう．以下に例を挙げます．

> **例：答えが存在しなくても問いかけには答えられる**
> 調和数と対数関数の差はオイラーの定数 γ と呼ばれる数に収束します．この γ は有理数でしょうか．実は，γ が有理数かどうかはまだわかっていません．多くの数学者は γ を有理数ではないと予想していますが，それはまだ証明されていないのです．

上の例では，「有理数でしょうか」と問いかけを行っていますので，本来なら「はい，有理数です」や「いいえ，有理数ではありません」と答えるところです．しかし，これはまだ未解決の問題なので「γ は有理数かどうかはまだわかっていません」という答えになっています．数学の問題としては解決がついていませんが，文章としての問いかけにはこれで答えたことになります．

問いと答えは呼応する

問いと答えは呼応しなくてはいけません．

> **悪い例：問いと答えが呼応していない**
> 問い：任意の実数 x について，次式は成り立つか．
> $$x^2 > 0$$

答え：$x=0$ が反例である．

上の例では「成り立つか」と問うていますから，

- 成り立つ
- 成り立たない

のいずれかが答えです．しかし，上の例では「$x=0$ が反例である」と書かれているだけで，「成り立つ」とも「成り立たない」とも書かれていません．これは悪い例です．

上の例は，以下のように改善できます．

改善例：問いと答えが呼応している

問い：任意の実数 x について，次式は成り立つか．

$$x^2 > 0$$

答え：成り立たない．$x=0$ が反例である．

上の改善例では，「成り立つか」という問いに「成り立たない」と答えています．これできちんと呼応したことになります．答えの最初で「成り立つ」か「成り立たない」を明記するのは良いことです．

「成り立つ」か「成り立たない」を明記した後，答えの部分にさらに加筆することも可能です．たとえば，$x=0$ は単なる反例ではなく唯一の反例であることを述べたり，関数 $y=x^2$ のグラフを描いて $x^2>0$ の意味について考察したりできるでしょう．そのような加筆が適切かどうかは，

想定する読者によって異なります．

問いが「成り立つか」なのですから，「はい／いいえ」で答えてもまちがいではありません．しかし「成り立つ／成り立たない」で答えた方がより親切でしょう．

「問いと答えの呼応」をいくつか列挙します．

問い	答え
〜は成り立つか	「成り立つ／成り立たない」 （はい／いいえ）
〜は可能か	「可能である／不可能である」 （はい／いいえ）
〜を証明せよ	証明を書く． 反例を提示しても良い．
〜の例を挙げよ	例を挙げる． なぜそれが例になっているかの説明を付記しても良い．
〜の条件は何か	条件を書く．

なお，一般に数学で「条件は何か」と問うときには，「必要十分条件は何か」と問うています．

答えがない問い

問いに対する答えを書かない場合もあります．代表的なものは，「わかりましたか」のように理解を確認する呼びかけです．

> **例:理解を確認する呼びかけ**
>
> 　このように,$x^2=2$ を満たす実数は $+\sqrt{2}$ と $-\sqrt{2}$ の2個です.$x^2=2$ は2次方程式ですから,重解になる場合を除いて解は2個あるのです.わかりましたか.

　上の例では「わかりましたか」という問いかけに対して著者は答えを書いていません.読者は「うん,わかった」や「いや,よくわからない」と心の中で答えるでしょう.

　この場合の答えは,読者の心の中にあるといえます.

　ところで,問題に対する解答が書かれていない数学書をしばしば見かけます.

　解答が書かれていないと,読者は自分で問題を解いた後「答え合わせ」ができません.自分一人で「これで正解だ」と確信するか,教師に「これで正解か」と改めて確認する必要があります.

　解答を書かないのは著者の自由ですが,読者,特に独学している読者にとっては非常につらいことです.長い時間を掛けて問題に取り組んだ後,解答が書かれていないのを知った読者はがっかりするでしょう.

　解くためのヒントか,参考文献への参照か,問題の難易度か,せめて「解答が書かれていないこと」を出題箇所に明記してほしいと思います.

先延ばしせず答える

答えを必要以上に先延ばししてはいけません．

小説なら，読者を引っ張っていくために答えを出すのを遅らせる技法（サスペンス）を使うことがあります．しかし説明文ではこれを使うことはほとんどありません．

問いかけ型のタイトル

文章には「なぜ～は～なのか」「～は～であるか」のように，問いかけ型のタイトルが付いているものがあります．問いかけ型のタイトルは読者の興味を引きます．

しかし，問いかけ型のタイトルを付けた場合，著者はその問いかけにきちんと答える文章を書かなければなりません．単に読者の興味を引くために問いかけ型のタイトルを付けてはいけません．

6.3 どう問うか

前節では「問いと答えは呼応する」ということを話しました．次に「どう問うか」を話します．

否定形を避けて問う

できるだけ否定形を避けて問いましょう．

> **悪い例：否定形での問いかけ**
> それでは，$x^2 \geq 0$ を満たさない実数は存在するので

しょうか.

上の例では「満た　さ　ない実数」のように否定形を使っています. このような問いでは, 読者は一瞬「うっ」と考えに詰まります. これは, 以下のように改善できます.

改善例1：否定形を避けた問いかけ
それでは, どんな実数でも $x^2 \geq 0$ を満たすのでしょうか.

上の改善例1では,「〜を満たさない実数は存在するか」という問いを「どんな実数でも〜を満たすのか」という問いに変換しています. 否定形がない方が問いを素直に読むことができますね.

以下のように条件式を書き換えても良いでしょう.

改善例2：否定形を避けた問いかけ
それでは, $x^2 < 0$ を満たす実数は存在するのでしょうか.

上の改善例2では, 条件式を $x^2 \geq 0$ から $x^2 < 0$ に書き換えて否定形を避けています.

一般には, 否定形を避けた方がわかりやすい問いになります. では否定形の問いは絶対に使えないのでしょうか. そんなことはありません. たとえばいまの「否定形の問いは絶対に使え　な　いのでしょうか」という問いかけは, 否定形を含んでいても自然に読めますね.

○×式で問う

簡単な知識を問う場合には「○×式」が有効です．

- 〜は成り立つか．
- 〜は正しいか．
- 〜といえるか．

これらはすべて「○か×」で答えられる問いです．「○×式」は問いも答えも簡単です．

ただし，複雑な内容を「○×式」で問うのは難しいものです．なぜなら，「〜は成り立つか」という問いでは例外を扱うことが難しいからです．

「○か×」で答えられるようにするためには条件を厳密に記述する必要があり，それではせっかくの「○×式」のシンプルさを失ってしまう危険性があります．

条件を明確にすることは大事ですが，あまりにも重箱の隅をつつくような条件をくどくど書くよりは，「一般に・通常・多くの場合」のような言葉を入れた方が良いこともあります．

- 一般に，〜は成り立つか．
- 通常，〜は正しいか．
- 多くの場合，〜といえるか．

これではあいまい過ぎるし，条件を明確にすることも難しいというならば「○×式」での問いはやめましょう．

ヒントを使って問う

難しい問いでは，ヒントが役立ちます．

> **例：ヒントを示す**
> 問い：次式を証明せよ．
> $$\sum_{k=1}^{\infty} \frac{1}{k^2} = \frac{\pi^2}{6}$$
> （ヒント：p. 123 の定理 3 を使え）

上の例では「p. 123 の定理 3 を使え」というヒントを示しています．

理解が十分な読者は「p. 123 の定理 3」を参照せず，自力でこの証明に取り組むでしょう．一方，理解が不十分な読者は p. 123 の定理 3 を読み返してからこの証明に取り組みます．つまり，ヒントを示しておけば，一つの問題で理解にばらつきがある読者に対応できることになります．

ヒントというものは，スタートからゴールの途中にある「道しるべ」です．一人ではゴールまでたどり着けない読者でも，適切な「道しるべ」があれば何とかたどり着けるかもしれません．

スタートからゴールまでの道程のうち，ヒントはほどよい位置に提示しましょう．スタート直後に読者が自力で気づくようなヒントも，ゴール直前で初めて役立つようなヒントも役に立ちません．

たとえば，数学では以下のようなヒントが考えられるでしょう．

- 定理・法則・公式の名前や，それが書いてある場所
- 数学的帰納法や背理法などの証明方法
- そもそも証明するのか反証するのか
- 反例を見つけるのか
- 類似の問題

難易度を示して問う

難易度を示して問うのは有効です．読者は示された難易度に応じた心構えを持って問いに答えようとし，それに答えられるかどうかで，自分の理解度を測ることができるからです．

難易度が示されていれば，難問であることに読者が気づかず「こんな問いにも答えられないなんて」と意気消沈するのを避けられます．また逆に，易しい問題なのに「きっとこれは難問だからやめよう」と読者が誤解するのも避けられます．

明確に問う

明確に問いましょう．

数式だけを提示して問いにしてはいけません．

> **悪い例：数式だけの問い**
> $$\sum_{k=1}^{\infty} \frac{1}{k^2}$$

上の例では，著者が何を問うているのかわかりません．

たとえば，以下のように問いを明確にしましょう．

> **改善例：問いを明確にする**
>
> 問い：次の無限級数が収束するならその値を求め，収束しないならそのことを証明せよ．
>
> $$\sum_{k=1}^{\infty} \frac{1}{k^2}$$

上の改善例のように書けば，読者は問いの内容をはっきりと理解した上で答えを考えることができます．

方程式の解を求めることを「解く」といいます．また，命題が成り立つと示すことを「証明する」といいます．ですから「方程式を証明せよ」や「命題を解け」という表現は誤りです．

○ 方程式 $x^2-2x+1=0$ を解け．
× 方程式 $x^2-2x+1=0$ を証明せよ．

○ 命題 P を証明せよ．
× 命題 P を解け．

指示語に注意して問う

問いで指示語を使う場合，その指示語が何を指すかを明確にしましょう．

> **悪い例：指示語が何を指すか不明確**
> 定理1：（定理1についての説明）
> 定理2：（定理2についての説明）
> 定理3：（定理3についての説明）
> 問い：この定理を使って次式を証明せよ．
> $$\sum_{k=1}^{\infty} \frac{1}{k^2} = \frac{\pi^2}{6}$$

上の例では問いの中に「この」という指示語があります．「この定理」というのですから，おそらくは直前の「定理3」を使えという問いなのでしょう．しかしそれは明確ではありません．以下のように改善できます．

> **改善例：指示語をやめて明示的に書く**
> 定理1：（定理1についての説明）
> 定理2：（定理2についての説明）
> 定理3：（定理3についての説明）
> 問い：定理3を使って次式を証明せよ．
> $$\sum_{k=1}^{\infty} \frac{1}{k^2} = \frac{\pi^2}{6}$$

上の例では，「この定理」ではなく「定理3」と明示的に書いてあるので，問いが明確です．

こういった改善は細かくてとるに足りないものだと感じるかもしれませんが，そうではありません．このような細かい改善の積み重ねが文章全体の品質を左右するのです．

確かに，文章を順番に読んできた読者には「この定理」だけで意味がわかるかもしれません．しかし，いきなり「問い」から読み始める読者だっているでしょう．その場合でも「定理3」のように明示的に書いていれば誤解する危険は少なくなります．

シンプルに問う

シンプルに問いましょう．

> **悪い例：シンプルではない問い**
>
> 問い：9円を支払うためには何通りの組み合わせがあるかを考えましょう．ただし，ここで考えるお金の額面は1円きざみになっているものとします．たとえば，3円を支払う方法には，3円玉が1枚と，2円玉が1枚と1円玉が1枚と，1円玉が3枚という場合があります．ちなみにこれを3の分割数と呼びますので，3の分割数は3であるといえます．では，9円を支払うための組み合わせは何通りになるでしょうか．

上の例には悪い点がいくつかあります．

- 「説明」と「問い」が混在している．
- 「額面が1円きざみ」の意味がわかりにくい．
- 「3の分割数が3である」の意味がわかりにくい．
- 「分割数」という用語を導入しても使っていない．

たとえば，以下のように改善できます．

> **改善例：説明してからシンプルに問う**
>
> 　額面が1円, 2円, 3円, 4円, ……になっているコインがあるとします．合計 n 円を支払うためのコインの組み合わせが何通りあるかを考え，その組み合わせの総数を P_n で表すことにしましょう．
>
> 　たとえば，3円を支払うコインの組み合わせは，
>
> - 3円玉が1枚
> - 2円玉が1枚と1円玉が1枚
> - 1円玉が3枚
>
> という3通りなので，$P_3 = 3$ です．
> 　問い：P_9 を求めなさい．

上の例では，次のような改善を行っています．

- 背景を説明し終えてから問いを出す．
- 箇条書きを使い，3通りであることを明確にする．
- 「分割数」という用語を導入しない．
- P_n という表記法を導入する．

特に，P_n のような表記法を導入することは良いことです．このおかげで「P_9 を求めなさい」のように問いがシンプルになりました．

この表記法を導入しておくと，「分割数」という用語を導入する場合にも便利です．「P_n を n の分割数といいます」と書くだけですむからです．

混乱を避けて問う

読者の混乱を避けて問いましょう.

悪い例：読者の混乱を誘う

問い：次のうち素数はどれか.

(1) 2
(2) 3
(3) 4
(4) 5
(5) 6

上はひどい例ですね. 項目の番号と提示されている数が互いに干渉して答えにくくなっています. ちなみに素数は「(1)の2と,(2)の3と,(4)の5」です.

ところで, 上の例の悪い点はそれだけではありません. 2, 3, 4, 5, 6の中に素数は複数個あるのに「素数はどれか」とだけ尋ねています. 答えが複数個ある場合には「すべて選べ」のように表現すべきです.

以下のように改善しました.

改善例

問い：次の中から素数をすべて選べ.

$$1\quad 2\quad 3\quad 4\quad 5\quad 6$$

先ほどの悪い例ではなぜか1を除外していましたが, 上

の改善例では，1も加えることにしました．その方がシンプルだからです．

場合によっては「1以上6以下の整数の中から，素数をすべて選べ」のようにしてもいいですが，上の改善例のように列挙した方が読者が考えやすいでしょう．

試験問題のように，読者が答えを書く形式を定めなければならない場合には，さらに「素数をすべて選び，○で囲め」のような指示が必要になります．

6.4 何を，いつ問うか

前節では「どう問うか」を考えましたので，今度は「何を問うか」を考えましょう．これは「いつ問うか」にも関わります．

知識を問う

読者が現在持っている知識を問うことがあります．

A とは何でしょうか．

このような問いは説明の最初に行うことが多いでしょう．これから説明する内容に読者の注意を向け，背景となる知識を思い出してもらうために問うのです．

「A とは何でしょうか」と問い，「A とは〜です」と答えます．これは一種の**対話**だといえます．読者はこのような対話を読んで「ああ，そうだった」や「ふうん，そうなん

だ」などと考えます．文章の最初に書かれた対話が，これから始まる説明への良い導入になるのです．

　答えを通して，読者の誤解を正すこともあります．「AはBでしょうか」と問い，「いいえ，AはBではなくてCなのです」と答えます．読者は，このような対話を読んで自分の誤解を正し，これから始まる説明に興味を持つことになるでしょう．

理解を問う

　読者の理解を確認するために問うことがあります．

　　　　それでは，～は～であるといえるでしょうか．

　著者からのこのような問いかけで，読者は自分の理解を確認します．理解を問うのは著者ですが，実際に確認するのは読者自身です．

　このような問いをするとき，著者は「何を確認しているか」をよく自覚しましょう．「ここまで読んできた時点で，あなたは～について理解したことになるはずです」というメッセージを込めて問うのです．やみくもに「いいですか」と問いかけるのは有効ではありません．

　書いてきたことと無関係な問いを出してはいけません．たとえば「章末問題」には，その章で学んだことについての問題を出すべきです．

重要な点を問う

 重要な点を問いましょう．著者が読者に理解してほしいこと，記憶してほしいこと，把握してほしいことについて問いましょう．

 重要ではない点を問うのはやめましょう．それは，重要ではない点に読者の意識を向ける危険性があるからです．

 いわゆる「引っかけ問題」を出してはいけません．引っかけ問題を出すと，読者の信頼を失う危険性があります．問いと答えは学びの場であり，だまし合いの場ではありません．

 細かい点であっても，もしもそれが重要ならば問うてもかまいません．たとえばコンピュータのプログラミングでは，記号の細かい違いや大文字小文字の違いがまったく異なる結果を生むことがよくあります．その点を問うのは悪くありません．

 著者が細かい点について問うと，読者は「この細かい問いはなんだ．重箱の隅をつつくような問いを出すな」と不満を感じる危険性があります．このような不満は読み進める意欲を減らしてしまうので，著者はきちんと対処した方が良いでしょう．具体的には「これは確かに細かいが，重要な問いである．なぜなら～」のように理由を書くということです．このような理由は，それ自体が有益な説明になるでしょう．

あたりまえのことを問う

あたりまえのことであっても問いましょう．

> **例：あたりまえの問い**
>
> 問い：8ビットのことを1バイトと呼びます．それでは，128ビットは何バイトでしょうか．
>
> 答え：128÷8＝16ですので，128ビットは16バイトになります．

上の例では，128÷8という簡単な計算をして128ビットが16バイトであることを説明しています．「128ビットは何バイトでしょうか」はあたりまえの問いですが，重要な意味を持ちます．それは，簡単な計算を通して「8ビットが1バイト」であることを読者が実際に体験するという意味です．1バイトは10ビットでも16ビットでもなく8ビットであることを，簡単な計算を通して慣れる効果があるのです．

上の例でもそれほど悪くはありませんが，「16バイトです」のように，まずズバリと答えるのも良いでしょう．

> **例：まずズバリと答える**
>
> 問い：8ビットのことを1バイトと呼びます．それでは，128ビットは何バイトでしょうか．
>
> 答え：16バイトです．8ビットは1バイトなので，128÷8＝16という計算で128ビットが16バイトであることがわかります．

あたりまえのことを問うのは，恥ずかしくはありません．あたりまえのことを問い，それにストレートに答えましょう．そのような「問いと答え」を読んだ読者は自分の理解を確認し，安心して先へ進むことができるのです．

第5章で「例」についてお話ししました．典型的な例，極端な例，あてはまらない例，一般的な例などさまざまありますが，良い例は，すべて読者への問いとして使えます．「1は自然数でしょうか」のように著者が問うことで，自然数という概念をちゃんと理解しているかどうか，読者自身が確認できるからです．

答えた後に

問いに答えた読者の頭は活性化しています．

特に，十分に時間を掛けて章末問題に取り組んだ読者の頭は，これ以上ないほど理解が深まっているでしょう．ですから，著者が答えを示した後で補足説明を行うのはとても良いことです．多少難しい内容であっても，読者が内容を理解する可能性が高くなるからです．ただし，どこまでが答えでどこからが補足説明なのかは明確にしましょう．

答えが一つでも，そこへ至るまでの解き方が複数個ある場合には，それを提示するのも良いことです．いわゆる「別解」ですね．

ひと組の「問いと答え」が，読者を新しい論点へ導くこともよくあります．たとえば，

$x^2<0$ を満たす実数は存在するのでしょうか.

という問いに対して,

　　　いいえ, $x^2<0$ を満たす実数は存在しません.

と答えます. するとそこから,

　　　では, $x^2<0$ を満たす数を新たに定義してみましょう.

と進むのは自然ですね. このようにして, 新しい数——複素数が自然に導入できます.

「問いと答え」という小さな対話は, よく練られていれば, 説明文を読みやすくしてくれるのです.

6.5　この章で学んだこと

　この章では, 問いと答えについて学びました.

　問いがあり, それに呼応する答えがある. つまり, 問いと答えは小さな対話です.

　対話があると, 文章は生き生きします. 対話を通して読者は文章の躍動を感じ, 自分の理解を一歩一歩確かめながら進むことができます. 読者は小さな「なるほど」を積み重ね, やがて大きな「なるほど」に至ります. 問いと答えを通して, 読者は文章全体を深く理解できるでしょう.

　この章では「問いと答え」を学びました. 次の章では「目次と索引」についてお話ししましょう.

第7章

目次と索引

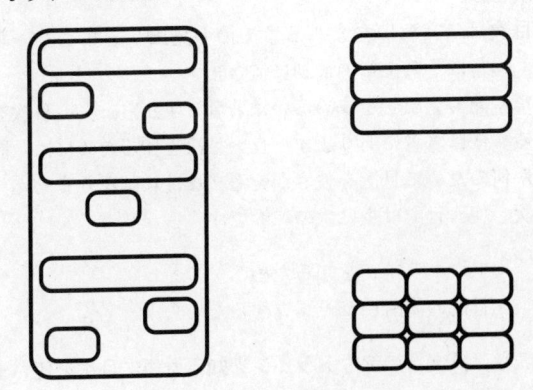

7.1 この章で学ぶこと

この章では目次と索引についてお話しします．

目次と索引のいずれも，読者にとっては文章を読むための道具であり，著者にとっては文章の構造と内容を確認するための道具といえます．

目次や索引は，書籍や論文などの長い文章に対して作るものです．しかし，毎回「書籍や論文」と呼ぶのはわずらわしいので，この章では単に「文章」と呼ぶことにします．

7.2 目　次

目次とは

　目次は，文章に含まれる章や節の**見出し**を集めた一覧で，通常はその文章の最初に置きます．

　章や節の見出しを決めるのは著者ですから，良い目次を作る責任は著者にあります．良い目次を作るためには，読者が何のために目次を使うかを考えなければなりません．目次を使う目的は主に次の二つです．

- アウトラインを知るため
- 目的の場所にジャンプするため

　読者は，文章の**アウトラインを知るため**に目次を使います．読者は目次を読みながら，

- どういう題材を扱っているのか
- どういう順序で書かれているのか
- どのくらいの粒度で書かれているのか

といった情報を得ようとします．ですから著者は，そのような読者の要望に応える目次を作る必要があります．

　読者は，文章の**目的の場所にジャンプするため**に目次を使います．読者は，必ずしも文章の最初から最後まで順番に読むわけではありません．著者がいくらそう願っても，読者は自分の好きなところを読みたがります．それは自分

自身が長い文章を読むときを想像すればわかりますね．ですから著者は，そのような読者の要望に応える目次を作る必要があります．

読者にとって目次は「道具」です．読者は，目次という道具を利用して文章のアウトラインを把握し，自分の読みたい情報を探します．そして「ここに書かれているな」と予想したページへジャンプします．

良い目次を作ることは，良い**見出し**の集まりを作ることです．目次は章や節の見出しを集めたものだからです．それでは，読者の要望に応えるためにはどのような見出しを書けばいいのかを考えていきましょう．

内容を明確に表す見出し

見出しは，内容を明確に表すように書きましょう．

章の見出しは章の内容を，節の見出しは節の内容を，それぞれ明確に表さなくてはなりません．見出しが内容を明確に表しているなら，その見出しを目次として集めたときに「読みたい情報はどこに書かれているか」がはっきりします．そうすれば，読者の要望に応える目次になります．

当たり前のようですが，実はそれほど簡単な話ではありません．意識しなければ「内容を明確に表す見出し」は書けないからです．

それではどのようにしたら，内容を明確に表す見出しになっているか確かめられるでしょうか．実は，簡単な方法があります．「A」という見出しの章や節を読んだ後に，

「A」という見出しは適切かな？

と自分に問いかけることです．
　たとえば「群の定義」という見出しがついた節を読んで，

　「群の定義」という見出しは適切かな？

と問うのです．
　「群の定義」という見出しがついているなら「群の定義」を中心に書かれているはずですね．といっても「群の定義」以外のことがまったくないわけではないでしょう．関連する題材を扱っているかもしれません．ですから，

　「群の定義」という見出しは適切かな？

という，全体を振り返るような問いかけが有効なのです．
　ここで，勘のいい方は気づいたかもしれません．良い目次を作ろうとすることは良い見出しを作ることであり，良い見出しを作ろうとすることは良い文章を作ることにつながります．なぜなら，良い見出しかどうかをチェックするためには，自分の文章を客観的に振り返らなければならないからです．
　つまり，読者の要望に応える目次を作ることは，正確で読みやすい文章を作ることにもつながるのです．

独立して読める見出し
　見出しは本文から独立しても読めるようにしましょう．

> **悪い例:本文から独立しては読めない見出し**
> 1. 群の定義 ……………………………………… 1
> 2. その例 ………………………………………… 3
>   2.1. 対称群 …………………………………… 3
>   2.2. ここから作る群 ………………………… 5
>   2.3. 正多面体群 ……………………………… 7

上の例で,「2. その例」や「2.2. ここから作る群」という見出しは意味をなしません.「その」や「ここ」という指示語が何を指しているかわからないからです.もしかしたら,本文を読んでいるときには指示語が何を指すのか明確なのかもしれませんが,目次として集めると意味がわからなくなりますね.

以下のように改善できます.

> **改善例:本文から独立しても読める見出し**
> 1. 群の定義 ……………………………………… 1
> 2. 群の例 ………………………………………… 3
>   2.1. 対称群 …………………………………… 3
>   2.2. 交代群 …………………………………… 5
>   2.3. 正多面体群 ……………………………… 7

上の改善例では指示語を使わないようにしています.「その例」を「群の例」にし,「ここから作る群」を「交代群」にしたので,独立して読める見出しになりました.これなら,それぞれの節に何が書かれているか明確ですね.

粒度の揃った見出し

良い目次を作るためには，見出しを明確に書くだけでは不十分です．集まった見出しの粒度（概念の大きさ）を揃えるようにしましょう．

極端な例を以下に示します．

悪い例：粒度の揃っていない目次
1. 概要 ……………………………………………… 1
2. 背景 ……………………………………………… 2
3. 歴史 ……………………………………………… 3
4. 隣接する要素を比較して整列する方法 ……… 4
5. 結果 ……………………………………………… 5
6. 考察 ……………………………………………… 5

上の例では「概要」「背景」「歴史」という一般的で簡潔な見出しに並んで突然「隣接する要素を比較して整列する方法」と極端に具体的な見出しが現れています．これは不適切です．

以下のように改善できます．

改善例：粒度の揃っている目次
1. 概要 ……………………………………………… 1
2. 背景 ……………………………………………… 2
3. 歴史 ……………………………………………… 3
4. 方法 ……………………………………………… 4
5. 結果 ……………………………………………… 5

>   6. 考察 ……………………………………… 5

形式の揃った見出し

見出しは形式を揃えましょう．

> **悪い例：形式が揃っていない見出し**
>   1. 群の定義 ………………………………… 1
>   2. あみだくじ ……………………………… 3
>   3. 正多面体からできる群を調べよう ……… 5

上の悪い例では，「群の定義」や「あみだくじ」のように名詞で終わる体言止めの見出しと，「……を調べよう」のように読者に呼びかける文の見出しが混在しています．このような見出しが並んでいては，読者は落ち着きません．

たとえば以下のように改善できます．

> **改善例：形式を揃えた見出し**
>   1. 群の定義を学ぼう ……………………… 1
>   2. あみだくじで群を作ろう（対称群）…… 3
>   3. サイコロで群を作ろう（正多面体群）… 5

上の改善例では「……しよう」という呼びかけの形に見出しを揃えました．また「あみだくじ」という日常的なものに揃えるため「正多面体」を「サイコロ」に変えました．

このように揃えると，それぞれの見出しに対応する節に何が書かれているか想像しやすくなります．

章・節以外の目次

目次は，章や節の見出しだけとは限りません．たとえば，**表**の目次，**図**の目次，**定理**の目次などが考えられます．どんなものであれ，読者が注目したくなるものが複数個あるなら，それに対する目次を作ることは有意義です．

非常に長い文章の場合には，章と節の両方を目次に含めると目次そのものが長くなってしまう危険性があります．目次そのものが長くなってしまうと，文章全体のアウトラインを知るという目的を果たさなくなってしまいます．その場合には，章の見出しだけを集めた**概略目次**と，章と節の両方の見出しを集めた**詳細目次**の二つを用意するという方法があります．

目次の作成

目次はソフトウェアの目次作成機能を使って作りましょう．見出しを手作業で切り出してはいけません．そのようにするとミスが発生するからです．

現代では，コンピュータのソフトウェアを使って文章を書くことがほとんどです．長い文章を作るためのソフトウェアならば，目次を作る機能（目次作成機能）が必ず備わっているはずです．その機能はソフトウェアの内部に組み込まれているかもしれませんし，外部のソフトウェアを使うことになるかもしれません．

たとえば，組版ソフトウェアのLaTeXでは，原稿となるファイルに \tableofcontents と書いておくだけで，

その場所に目次が自動的に挿入されます.

　繰り返しますが，目次は必ず目次作成機能を使って作ってください．それは，「手間を減らす」および「間違いを減らす」ためですが，それに加えて「納得いくまで見出しを書き直せるようにする」ためでもあります．

目次を読む意味

　文章を書いたなら目次を作り，その目次を改めてじっくり読みましょう．目次を読むことは，正確で読みやすい文章を書く助けになります．読者と同じように，著者も目次を使って文章のアウトラインがつかめるからです．

　目次を読むとき，著者は鳥になります．文章という広大な森の上を飛び回る鳥になり，文章の構造を鳥瞰することができるのです．

　目次を読みながら，文章全体の大きな構造を振り返りましょう．足りない部分や無駄な部分はないか，各章や各節の粒度は適切か，順番は適切か，そのようなことを確かめながら目次を読むのです．そして何より大切なこととして，目次を読んだ後に，

　　　　自分が伝えたいことが確かに書かれているか

を確かめましょう．

　読者だけではなく，著者にとっても目次は大切な道具です．それは，文章全体を振り返る助けとなるからです．

7.3 索　引

索引とは

　索引は，文章に含まれる重要な語句を集めた一覧で，通常はその文章の最後に置きます．

　簡単な索引の例を以下に示します．

> 索引の例
>
> 　　　⋮
> 　可約　357
> 　カルダノ　246
> 　ガロア　50, 262, 353
> 　　　⋮

　上では**索引項目**の例として「可約」「カルダノ」「ガロア」の三個を挙げました．

　それぞれの索引項目に対する**参照ページ**は，「可約」は357ページ，「カルダノ」は246ページ，そして「ガロア」は50, 262, 353の各ページになります．

　特定の用語に関連したページを見たいとき，読者は文章の末尾に行って索引を調べます．自分の知りたい用語が索引項目として挙げられているかを調べ，見つかったら対応する参照ページにジャンプします．これが，索引を使う読者の主な行動です．

索引を作る場合でも，私たちの原則《読者のことを考える》は変わりません．

まず何より，読者が調べるときに使う長い説明文なら，**索引は必須**であると心得てください．索引がなかったら，読者は文章の中から特定の用語が出てくるところを探さなくてはなりません．それはたいへんな労力ですね．著者が索引を用意する必要がないのは，その文章が短い場合か，調べるときに使わない文章の場合か，索引の代わりとなる検索機能などがある場合だけです．

索引項目と参照ページの選択

索引は索引項目と参照ページの集まりですから，

- どの語句を索引項目として選ぶか
- どこを参照ページとして選ぶか

が問題になります．

索引項目として選ぶのは「読者が調べる可能性のある語句」です．つまり，重要な語句・専門用語・特殊記号・概念・固有名詞などです．文章中で太字（ゴシック体）で強調する語句は索引項目になることが多いでしょう．索引項目は，少なすぎても困りますが，多ければいいというものでもありません．

索引項目に対して，どのようなページを**参照ページ**に選べば良いでしょうか．一言でいえば「その索引項目を読者が調べるときに開いてもらいたいページ」になります．

たとえば、索引項目とした用語の定義が書かれているページは、参照ページとして適切でしょう。その他にも、重要な例・関連する用語・その用語の由来や歴史など、さまざまなページが参照ページになりえます。

もれがあるのは困りますが、ある一つの索引項目に対する参照ページの数が多すぎるのも困ります。読者が目的のページに到達するのに時間がかかってしまうからです。

悪い例：参照ページの数が多すぎる

　⋮

ガロア　50, 51, 113, 262, 284,
　　　　299, 301, 353, 365, 374,
　　　　381, 422, 433, 441, 479,
　　　　483, 487, 498, 501

　⋮

上の例では、「ガロア」という一つの索引項目に対して、19個もの参照ページが対応しています。これでは読者は困ってしまうでしょう。以下のように改善できます。

改善例1：索引項目を分けた

　⋮

ガロア　50, 262, 353

ガロア拡大　441

ガロア群　374

> ガロア体　441
> ガロア対応　50, 299, 422
> ガロア理論　50
> ガロア理論の基本定理　422
> 　⋮

　上の改善例のように索引項目を分ければ，一つの索引項目に対応する参照ページが少なくなりますので，読者はより速く目的のページに到達できるでしょう．

　以下のように索引を多段にすることもあります．

> **改善例2：索引項目を分けた（多段）**
>
> 　⋮
> ガロア　50, 262, 353
> 　　——拡大　441
> 　　——群　374
> 　　——体　441
> 　　——対応　50, 299, 422
> 　　——理論　50
> 　　——理論の基本定理　422
> 　　リシャールと——　267, 423
> 　⋮

　上の改善例2では，ガロアという索引項目に続いてガロアという語を含む索引項目を並べています．このようにす

ると，一つの索引項目に対応する参照ページが少なくなります．さらに，本来なら別の箇所に並ぶ「リシャールとガロア」のような索引項目まで「ガロア」のそばに並べられます．これは読者にとって便利な索引になりますが，索引項目が多くなってしまうというデメリットもあります．

索引項目の表記

多くの場合，索引項目は目的の単語そのものです．しかし，読者の便宜を図って索引項目の表記を工夫することもあります．

- 「群（group）」のように英語表記を併記する．
- 「〜（チルダ）」のように記号の読み方を併記する．
- 「$\sin\theta$」のように数式も索引項目に入れる．
- 「GCD：greatest common divisor」のように省略前の語句を併記する．
- 「Euler, Leonhard」のように「姓，名」の両方を表記する．

数式をどのように索引に入れるかは単純ではありません．たとえば $\sin\theta$ は "s" の項目に入れるべきでしょうか．著者は《読者のことを考える》という原則に従って考えるのがよいと思っています．もしも $\sin\theta$ を索引で調べようと思った読者が "s" の項目で探す可能性があると思うなら，そこに入れておくべきです．索引の始めに「数式」という項目を置いて，そこに $\sin\theta$ を並べるのも良い方法で

す.また,索引にこだわらず「本書で使われる数式一覧」のようなものを用意しておくのも良いでしょう.

索引項目の順序

索引項目の順序にはさまざまな種類があります.日本の文章の場合には五十音順にするのが基本ですが,他国語の索引項目が多数含まれている場合には,欧文索引と和文索引を分けたり,日本語の索引項目もローマ字に表記し直して一つの索引に混ぜ込んだりする場合もあります.

参照ページの表記

重要な参照ページを目立たせると読者の役に立ちます.たとえば,定義が書かれているページに下線を引いて,

　　　ガロア対応　50, 299, 422

のように目立たせるのです.このようにすれば,定義を読みたい読者はまっすぐに 422 ページへたどり着くことができます.

このアイディアは自由に拡張できます.

- 定義は 123 のような形式で書く.
- 例は **123** のような形式で書く.
- 参考文献は *123* のような形式で書く.

このようにすれば,より便利な索引になりますが,ごちゃごちゃしてしまう危険性もあります.

いずれにしても，どの形式が何を意味するのかは索引内に明記しておく必要があります．

索引の作成

文章の中から索引項目を指定するのは著者の仕事です．どのページのどの語句を索引項目とするかは，文章全体を見据えて意味的に考える必要がありますので，機械的に索引項目を指定することはできません．

もちろん，著者が索引項目を指定した後，実際の索引を作り出すのはソフトウェアです．目次同様，人間が手作業で作ってはいけません．

組版ソフトウェアの LaTeX ならば，\index という命令を書くだけで索引項目を指定できます．たとえば，「ガロア」を索引項目にするなら，その語句の直後に，\index{ガロア} と書きます．漢字を含む「可約」を索引項目にするなら，\index{かやく@可約} のように \index{読み方@表記} の形式で書きます．このようにすると，すべての索引項目は LaTeX によって自動的に集められ，\printindex と書いた箇所に索引として挿入されます．

索引を読む意味

文章を書いたなら索引を作り，その索引を改めてじっくり読みましょう．目次と同じように，索引を読むと気づくことがあるはずです．

- **索引項目の漏れ**
 「整数」があるのに「有理数」がないなど.
- **参照ページの漏れ**
 「論理積」が三カ所あるのに,同じ個数あるはずの「論理和」が二カ所しかないなど.
- **用字用語の揺れ**
 「ガベージ」と「ガーベッジ」があるなど.
- **参照ページの過剰**
 「ガロア」の参照ページが19個もあるなど.

 ページ番号の大小まで注意するなら,参照ページが適切かどうかもある程度は把握できます.参照ページの番号が小さければ,文章の始めの方ですし,大きければ文章の終わりの方になります.たとえば,結論部分に出てくるはずの索引項目なのに,始めの方にしか出てこないのはおかしいといったチェックもできるでしょう.

 索引には,この文章に登場する重要な語句が列挙されています.索引をじっくり読みながら,文章全体の姿を想像しましょう.それは,著者であるあなたが描こうとした姿になっているでしょうか.索引を読むことで,文章の全体像を再確認しましょう.

7.4 トピックス

 読者の役に立つものなら,著者は,どんな道具でも発明

してかまいません．目次と索引に関連して，トピックを二つお話しします．

電子書籍

近年，コンピュータを始めとする電子機器を使って文章を読むことが一般的になってきました（ここでは総称して「電子書籍」と呼ぶことにします）．

電子書籍の形態は今後変化するでしょうが，読者が，

- 文章のアウトラインを知りたい
- 読みたい場所にジャンプしたい
- 特定の語句に関連したページを見たい

という要望は変化しないでしょう．ですから，どのように実現するかはさておき，こういった要望に答える機能は電子書籍で実現する必要があります．

その際には，紙に印刷された文章とは実現方法が異なるかもしれません．たとえばp. 166で述べた「概略目次」と「詳細目次」の区別は，電子書籍では不要になるかもしれません．読者の指示で詳細を見せたり隠したりするだけで実現できるからです．

いずれにせよ，私たちの原則《読者のことを考える》が判断の指針として有効です．つまり，どのような機能が読者の役に立つのかを読者の視点で考えるということです．

参考文献

目次と索引に並んで,参考文献も読者にとって有益な道具です.

論文を書く場合には,末尾に必ず**参考文献**を付けます.論文はいわば過去から連綿と続いている研究成果のツリーに自分の成果を連結させたものですから,自分の論文がどのような系譜に連なっているかを示すのが参考文献になります.

参考文献を挙げるのは,読者が検証する気になれば検証できるようにするためという目的があります.自分の記述の根拠を述べるためでもあります.決して,自分がどれだけ勉強したかを自慢するためではありません.また,引用を行った文献は必ず参考文献に入れる必要があります.

参考文献は,想定する読者によっては読書案内になる場合もあります.その場合は,参考文献についての付加的な情報も読者の役に立ちます.たとえば,難易度,概要,必要な予備知識,良い点・悪い点,注意すべき点,翻訳の有無などです.

7.5 この章で学んだこと

この章では,目次と索引についてお話ししました.ふだん私たちが読者として文章を読むときには,目次と索引を何気なく使います.しかし,著者として文章を書くときには,目次のための見出しを意識的に書き,索引のための索

引項目と参照ページを意識的に選ぶ必要があります.

　目次と索引は機械的に作ることはできません.適切な見出しを書き,適切な索引項目を選ぶためには,著者が文章全体を把握し読者の行動を想像できなければなりませんが,それは機械には行えません.

　私たちは「目次と索引」の作り方を通して,ここでもまた《読者のことを考える》という原則が大切であることを見てきました.

　次の最終章では「たったひとつの伝えたいこと」についてお話しします.

第8章

たったひとつの伝えたいこと

8.1 この章で学ぶこと

本書『数学文章作法』も最終章になりました．

この章では，第1章から第7章まで何を学んできたかを振り返ります．そして「たったひとつの伝えたいこと」についてお話ししましょう．

8.2 本書を振り返って

本書では，正確で読みやすい文章を書く原則をお話しし

てきました。その原則は——もう覚えたと思いますが——

《読者のことを考える》

です。

　文章を書くとき、著者は絶え間なく判断をしなければなりません。難易度はこれでいいのか。章立て・段落分け・節の書き方はこれでいいのか。順序はこれでいいのか。数式の提示方法はこれでいいのか。言葉遣いはこれでいいのか。大小さまざまの判断をして、一つの文章をまとめていくのが著者の仕事です。

　著者を大海原に乗り出す船の船長にたとえるなら、《読者のことを考える》という原則は、著者を導く羅針盤(コンパス)といえるでしょう。

　私は、この《読者のことを考える》というたったひとつの原則を使って、これまで20年以上ものあいだ本を書いてきました。そして《読者のことを考える》を心に留めているかぎり、判断に迷うことはほとんどありませんでした。この羅針盤はいつも正しい方向を示してくれたからです。

　著者を導くこの羅針盤、すなわち《読者のことを考える》という原則をあなたにもしっかり心に留めてもらうため、各章を振り返っていきましょう。

読者は誰ですか

　第1章「読者」では、読者の知識・意欲・目的について

述べました.

　読者の知識, すなわち「読者は何を知っているか」を考えないと, 読者にとって難しすぎる文章, あるいは易しすぎる文章になってしまいます. 読者の意欲, すなわち「読者はどれだけ読みたがっているか」を考えないと, 読み進むのが難しい文章になりがちです. 読者の目的, すなわち「読者は何のために読むのか」を考えないと, 期待外れの文章になってしまうでしょう.

　便宜上, 知識・意欲・目的と分けましたが, 著者であるあなたが「読者は誰ですか」としっかり自分に問うなら, 読者の知識・意欲・目的について自然と考えたくなるはずです. そして「読者は誰か」にしっかり答えられるなら, 文章のどこが誤解されそうか, どこが読みにくそうかの判断も的確にできるでしょう.

形式を大切に

　第 2 章「基本」では,「形式の大切さ」と「文章の構造」について述べました.

　文章を書くときに内容に気を配るのはもちろん大事ですが, 形式もおろそかにしてはいけません. 大切な内容ならば, なおさら形式を整えて読者にきちんと伝わるようにする必要があります. 欠けたカップで出されたら, せっかくの美味しいコーヒーも台無しですからね.

　文章を書くときには, 語句・文・段落・節・章を意識する必要があります. 一つの語句には一つの意味, 一つの文

には一つの主張，一つの段落には一つのまとまった主張があります．そして，節や章にもレベルごとのまとまった主張があります．著者はそれを意識するのです．

順序立て，まとまりを作る

　第3章「順序と階層」では，読者が読みやすいように順序を整えることと，大きな概念を階層にまとめることを述べました．

　読者にとって自然な順序で並べることは大切です．過去から未来，小から大，既知から未知，具体から抽象のような順序で書けば，読者の頭にスムーズに伝わるでしょう．

　また，読者は大きな概念を一度に把握することはできません．著者は大きな概念を小さくブレークダウンし，要素をもれなくだぶりなく把握し，グループ分けを行い，適切なまとまりを作って読者に届けましょう．

メタ情報を忘れずに

　第4章「数式と命題」では，読者を混乱させず，メタ情報を与えるということを述べました．

　数式はどうしてもややこしいものですから，読者が混乱しないように細心の注意を払う必要があります．読者の混乱を防ぐため，二重否定を避ける・表記を揃える・添字を単純にする・文を短くするといった工夫を実例とともに話しました．

　読者の理解の手がかりとなる「メタ情報」を与えること

も話しました.「P は C 上にある」と書かずに「点 P は曲線 C 上にある」と書くテクニックですね. 実際に文章を改善する一つ一つの工夫は細かいものですが, それが積み重なって読みやすさを生み出します. 細かいところもおろそかにせず整えましょう.

例示は理解の試金石

第 5 章「例」では, 良い例の作り方を述べました.

良い例を提示できれば, 読者の知識を増やし, 読む意欲も向上させることができるでしょう.「まあなんとなくわかったかな」を「なるほど! そういうことか」に変えるためには, 例がとても重要です.

基本は典型的な例, 極端な例, あてはまらない例などです. また, 説明したい内容と例をぴったりと対応させることにも気を配りましょう. 読者の心に概念をくっきりと描いてくれるのが良い例です.

例を作る心がけもお話ししました. 自分の知識をひけらかさないように注意することや, 良い例が作れないときには, 自分が内容を理解しているかどうか確かめることを述べました.《例示は理解の試金石》を忘れないように.

問いと答えで生き生きと

第 6 章「問いと答え」では, 思考を活性化させる対話について述べました.

著者が適切に問えば, 読者はそれに答えようとしてしっ

かり考えます.問いにぴったり呼応した答えを提示することも大切でしたね.呼応しない答えを出したり,答えをさぼったりしないこと.著者は意識的にしっかり問い,意識的に答える必要があるのです.

問いと答えがいいリズムを生むと,読者にとって読みやすい文章になるのはもちろんのこと,読むのが楽しい文章になるでしょう.

目次と索引は大事な道具

第7章「目次と索引」では,読者と著者を助ける道具,目次と索引について述べました.

目次は機械的に作れません.著者は,読者がアウトラインを把握しやすく目的の場所を見つけやすいように見出しを作る必要があります.そしてそのこと自体が,読みやすい文章を作る助けになります.

索引も機械的に作れません.読者が索引を使う場面を想像して索引項目と参照ページを選びましょう.

たったひとつの伝えたいこと

各章を振り返ってきました.正確で読みやすい文章を書くためには,《読者のことを考える》という原則が大切です.そのことがあなたに伝わったでしょうか.

あなたはいま,本書『数学文章作法』の読者です.でも,本書を閉じ,自分の文章を書くときには,あなたは著者になります.あなたが文章を書くときにはぜひ,あなたの読

者のことを考えてください．ちょうど本書を書いているときに，私があなたのことを考えていたのと同じように．

8.3 この章で学んだこと

この章では，第1章から第7章まで何を学んできたかを振り返り，本書の「たったひとつの伝えたいこと」をまとめました．

《読者のことを考える》という原則，私は，このたったひとつの原則をあなたに伝えるために本書を書きました．

本書の「たったひとつの伝えたいこと」は

《読者のことを考える》

なのです．

ご愛読ありがとうございました．

参考文献

[1] Donald E. Knuth, Paul M. Roberts, Tracy Larrabee, 有澤誠訳, 『クヌース先生のドキュメント纂法』(原題 "Mathematical Writing"), 共立出版, ISBN978-4320024991, 1989 年.
   数式を美しく組版する TeX を作った Knuth 教授による, 数学作文の講義録です. 実際の講義をもとにした臨場感あふれる文章で, 数学に関わる文章の書き方を学ぶことができます. p. 15 の Jeff Ullmann の言葉は本書から引用しました.

[2] 木下是雄, 『理科系の作文技術』, 中公新書, ISBN978-4121006240, 1981 年.
   理科系の研究者, 技術者, 学生のための作文技術を述べた定番の本です. 準備作業, メモの取り方, 文章の組み立て, 原稿の書き方から校正までを学ぶことができます. 簡潔で明快な文章の書き方についても具体的に解説しています.

[3] 木下是雄, 『レポートの組み立て方』, ちくま学芸文庫, ISBN978-4480081216, 1994 年.
   人文・社会学系の読者を想定し, レポートの書き方を

述べた本です．事実と意見を区別すること，明快・明確・簡潔に書く方法，すらすら読める文章を書くコツをたくさんの例を使って解説しています．

[4] 戸田山和久,『新版論文の教室』, NHK 出版, ISBN978-4140911945, 2012 年.

教師と生徒のくだけた対話を通して「レポートから卒論まで」の書き方を述べた本です．

[5] 奥村晴彦,『[改訂第 5 版] LaTeX2e 美文書作成入門』, 技術評論社, ISBN978-4774143194, 2010 年.

1991 年から改訂を重ねたロングセラーの LaTeX 入門書です．TeX および LaTeX は数式を含んだ論文を書くソフトウェアの事実上の世界標準であり，この本を通して数式の書き方の基本を学ぶことができます．

索引

ア行

アウトライン 160
明らか 37
アクセント 87
あの 92
アラビア数字 31
アルファベット 103
あれ 92
いえる 106
以下 35
意見 45
以上 35
位数 90, 103
イタリック体 78
一覧の一覧 91
一般 63, 122
一般項 93
意欲 20
インデント 79
引用 34, 49
受け身 43
右辺 96
演算子 32
大きさ 59
重さ 59
思われる 43
温度 59, 89

カ行

が 41
解 147
階層 68
解答 141
概念 85
概略目次 166
カギカッコ 34
書き言葉 34
箇条書き 73
神は細部に宿る 28
かもしれない 43
考えられる 43
関数 32, 90, 104, 123
漢数字 31
カンマ 34
記号 33
既知 61
規模 59
疑問符 33
逆 37
逆接 41
既約分数 102
教育 15
曲線 100
極大 36
空間 58
具体 63
具体例 107
句読点 33
グラフ 123
グループ 71
形式 26
敬体 44
元 85
合成数 136
構造 28, 112

ゴシック体 78
語句 29
個数 75
答え 135
答え合わせ 141
こと 30
この 92
個別 63
これ 92
コンマ 92

サ 行

最小 90
最少 90
最大 36
最大公約数 102
作業 56
索引 159, 168
索引項目 168
サスペンス 142
左辺 96
三角形 122, 123
三角定規 123
参考文献 177
参照ページ 168
時間 55
自己同型 102
字下げ 79
指示 27
指示語 30, 92, 148
事実 45
指数 91
自然数 101, 136
自然な順序 54
従う 107
実数 90, 104
自分の理解の最前線 47

自明 37
集合 124
集合の集合 91
十分条件 36
順序 54, 94
章 50
条件 140
詳細目次 166
常体 44
証明する 147
省略 92
書体 32, 78
書名 34
知られている 107
推論 107
数字 32
数式 32, 84
数量 59
少なくとも 36
整数 101, 104
正整数 101
成立する 106
節 50
接続詞 30, 47, 107
全角文字 33
添字 91, 104
素数 104, 136
その 92
それ 92
それぞれ 96

タ 行

体積 59
対比 80
対話 152
たかだか 36
だ・である 44

だぶり 44, 70
たぶん 43
単数 136
段落 45
知識 18, 152
ちなみに 48
抽象 63
ちょっと 43
定義 65, 92, 106
定数 32, 104
ディスプレイ数式 109
定理 89, 107
適当 37
手順書 57
です・ます 44
点 100
電子書籍 176
テンテン 92
問い 135
同音異義語 35
等号 111
読点 34
等幅フォント 79
同様に 38
とき 30
解く 147
読者 17
特殊 63
トピック・センテンス 45
ともいえる 43
トリビアル 37

ナ 行

内容 26
ないわけではない 43
ナカグロ 34
長さ 59
なくはない 43
など 43
成り立つ 106
難易度 146
二重カギカッコ 34
二重添字 91
二重否定 43, 84

ハ 行

場合分け 44
発言 34
話し言葉 34
パラメータ 104
パラレリズム 80
半角文字 33
番号 57, 151
引っかけ問題 154
必要十分条件 36, 140
必要条件 36
否定 37
否定形 142
非負整数 101
表記する 106
ひらがな 30
比例 36
ヒント 145
フォント 78
副詞 30
ブレークダウン 70
文 38
分子 102
分数 102
分母 102
文末 47
別解 156
別行立ての数式 109
変化 21

変数 104
方程式 89, 147
ぼかし 43
ボールド体 78

マ 行

マニュアル 57
○×式 144
見出し 51, 160
未知 61
道しるべ 145
未知数 104
未満 36
矛盾 37
命題 90, 106, 147
メタ情報 99
面積 59
目次 160
目的 22
文字 90, 103
もの 30
もれなく，だぶりなく 44, 70

ヤ・ラ・ワ行

用語 66, 85
要素 85
呼ぶ 106
より大きい 35
より小さい 35
LaTeX 166, 174
理解 153
略記 67
粒度 71, 164
例 117
例示は理解の試金石 131
列挙 75, 93
列の列 91

レポート 27
論理 33
わかりましたか 140

本書は「ちくま学芸文庫」のために書き下ろされたものである。

宇宙創成はじめの3分間　S・ワインバーグ　小尾信彌訳

ビッグバン宇宙論の謎にワインバーグが挑む！開闢から間もない宇宙の姿を一般の読者に向けて明快に論じた科学読み物の古典。解題＝佐藤文隆

精神と自然　ヘルマン・ワイル　ピーター・ペジック編　岡村浩訳

数学・物理・哲学に通暁し深遠な思索を展開したワイル。約四十年にわたる歩みを講演ならではの読みやすい文章で辿る。年代順に九篇収録、本邦初訳。

知るということ　渡辺慧

時の流れを知るとはどういうことか？「エントロピー」「因果律」「パターン認識」などを手掛かりに、知覚の謎に迫る科学哲学入門。（村上陽一郎）

書名	著者	内容
ラング線形代数学（下）	サージ・ラング 芹沢正三訳	『解析入門』でも知られる著者はアルティンの高弟だった。下巻では群・環・体の代数的構造を俯瞰する抽象の高みへと学習者を誘う。
数 と 図 形 幾何学の基礎をなす仮説について	H・ラーデマッヘル／ O・テープリッツ 山崎三郎／鹿野健訳 ベルンハルト・リーマン 菅原正巳訳	ピタゴラスの定理、四色問題から素数にまつわる未解決問題まで、身近な「数」と「図形」の織りなす世界へ誘う読み切り22篇。 相対性理論の着想の源泉となった、リーマンの記念碑的講演。ヘルマン・ワイルの格調高い序文・解説とミンコフスキーの論文「空間と時間」を収録。（藤田宏）
新 物理の散歩道 第1集 （全5冊）	ロゲルギスト	7人の物理学者が日常の出来事のふしぎを論じ、実験で確かめていく。ディスカッションの楽しさと物理的思考法が伝わる、洒落たエッセイ集。（江沢洋）
新 物理の散歩道 第2集	ロゲルギスト	四百メートル水槽の端と中央では3ミリも違うと聞き、地球の丸さと小ささを実感。科学少年の好奇心と大人のウィットで綴ったエッセイ。
新 物理の散歩道 第3集	ロゲルギスト	ゴルフのバックスピンは芝の状態に無関係、昆虫の羽ばたき、コマの不思議、流れ模様など意外な展開と多彩な話題の科学エッセイ。（呉智英）
新 物理の散歩道 第4集	ロゲルギスト	高熱水蒸気の威力、魚が銀色に輝くしくみ、コマが起きあがる力学。身近な現象にひそむ意外な「物の理」を探求するエッセイ。（米沢富美子）
新 物理の散歩道 第5集	ロゲルギスト	上りは階段・下りは坂道が楽という意外な発見、模型飛行機のゴムのこぶの正体などの話題から、物理学者ならではの含蓄の哲学まで。（下村裕） クリップで蚊取線香の火が消し止められる？ バイオリンの弦の動きを可視化する顕微鏡とは？ 噛みごたえのある物理エッセイ。（鈴木増雄）

書名	著者	内容
熱学思想の史的展開3	山本義隆	隠された因子、エントロピーがついにその姿を現わす。そして重要な概念が加速的に連結し熱力学が体系化されていく。格好の入門篇。全3巻完結。
数学がわかるということ	山口昌哉	非線形数学の第一線で活躍した著者が〈数学とは〉をしみじみと、〈私の数学〉を楽しげに語る異色の数学入門書。(野﨑昭弘)
カオスとフラクタル	山口昌哉	ブラジルで蝶が羽ばたけば、テキサスで竜巻が起こる? カオスやフラクタルの非線形数学の不思議をさぐる本格的入門書。
数学文章作法 基礎編	結城浩	レポート・論文・プリント・教科書など、数式まじりの文章を正確で読みやすいものにするには?『数学ガール』の著者がそのノウハウを伝授。
数学序説	吉田洋一 赤攝也	数学は嫌いだ、苦手だという人のために。幅広いトピックを歴史に沿って解説。刊行から半世紀以上にわたり読み継がれてきた数学入門のロングセラー。
力学・場の理論	E・M・リフシッツ 水戸巌ほか訳	圧倒的に名高い「理論物理学教程」に、ランダウ自身が構想した入門篇があった! 幻の名著(山本義隆)
量子力学	L・D・ランダウ／E・M・リフシッツ 好村滋洋／井上健男訳	非相対論的量子力学から相対論的理論までを、簡潔で美しい理論構成で登る入門教科書。大教程2巻をもとに新構想の別篇。(江沢洋)
統計学とは何か	C・R・ラオ 藤越康祝／柳井晴夫 田栗正章訳	さまざまな現象に潜んでみえる「不確実性」に立ち向かう新しい学問=統計学。世界的権威がその歴史・数理・哲学など幅広い話題をやさしく解説。
ラング線形代数学(上)	サージ・ラング 芹沢正三訳	学生向けの教科書を多数執筆している名教師による線形代数入門。他分野への応用を視野に入れつつ、具体的かつ平易に基礎・基本を解説。

書名	著者	内容
ベクトル解析	森毅	1次元線形代数から多次元へ、1変数の微積分から多変数へ。応用面とは異なる、教育的重要性を軸に展開するユニークなベクトル解析のココロ。
対談 数学大明神	森毅 安野光雅	数楽のセンスと数学者と数学ファンの画家が、とめどなく繰り広げる興趣つきぬ数学談義。(河合雅雄・亀井哲治郎)
応用数学夜話	森口繁一	俳句は何兆までで作れるのか? 安売りをしてもっとも効率に利益を得るには? 世の中の現象と数学をむすぶ読み切り18話。
フィールズ賞で見る現代数学	マイケル・モナスティルスキー 眞野元訳	「数学のノーベル賞」とも称されるフィールズ賞。その誕生の歴史、および第一回から二〇〇六年までの歴代受賞者の業績を概説。
角の三等分	一松信解説矢野健太郎	コンパスと定規だけで角の三等分は「不可能」! なぜ? 古代ギリシアの作図問題の核心を平明懇切に解説し「ガロア理論入門」の高みへと誘う。
エレガントな解答	矢野健太郎	ファン参加型のコラムはどのように誕生したか。師アインシュタインと相対性理論、パスカルの定理などやさしい数学入門エッセイ。(一松信)
思想の中の数学的構造	山下正男	レヴィ=ストロースと群論? ニーチェやオルテガの遠近法主義、ヘーゲルと解析学、孟子と関数概念。数学的アプローチによる比較思想史。
熱学思想の史的展開1	山本義隆	熱の正体は? その物理的特質とは? 『磁力と重力の発見』の著者による壮大な科学史。熱力学入門書としての評価も高い。全面改稿。
熱学思想の史的展開2	山本義隆	熱力学はカルノーの一篇の論文に始まり骨格が完成した。熱素説に立ちつつも、時代に半世紀も先行していた。理論のヒントは水車だったのか?

新・自然科学としての言語学　福井直樹

気鋭の文法学者によるチョムスキーの生成文法解説書。文庫化にあたり旧著を大幅に増補改訂し、付録として黒田成幸の論考「数学と生成文法」を収録。

電気にかけた生涯　藤宗寛治

実験・観察にすぐれたファラデー、電磁気学にまとめたマクスウェル、ほかにクーロンやオームなど科学者十二人の列伝を通して電気の歴史をひもとく。

πの歴史　ペートル・ベックマン　田尾陽一／清水韶光訳

円周率だけでなく意外なところに顔をだすπ。ユークリッドやアルキメデスによる探究の歴史に始まり、オイラーの発見したπの不思議にいたる。

やさしい微積分　L・S・ポントリャーギン　坂本實訳

微積分の基本概念・計算法を全盲の数学者がイメージ豊かに解説。版を重ねて読み継がれる定番の入門教科書。練習問題・解答付きで独習にも最適。

フラクタル幾何学（上）　B・マンデルブロ　広中平祐監訳

「フラクタルの父」マンデルブロの主著。膨大な資料を基に、地理・天文・生物などあらゆる分野から事例を収集・報告したフラクタル研究の金字塔。

フラクタル幾何学（下）　B・マンデルブロ　広中平祐監訳

「自己相似」が織りなす複雑でて美しい構造とは。その数理とフラクタル発見までの歴史を豊富な図版とともに紹介。

工学の歴史　三輪修三

オイラー、モンジュ、フーリエ、コーシーらは数学者であり、同時に工学の課題に方策を授けていた。「ものつくりの科学」の歴史をひもとく。

現代の古典解析　森毅

おなじみ一刀斎の秘伝公開！ 極限と連続に始まり、指数関数と三角関数を経て、偏微分方程式に至る。見晴らしのきく、読み切り22講義。

数の現象学　森毅

4×5と5×4はどう違うの？ きまりごとの算数からその深みへ誘う認識論的数学エッセイ。日常の中の数を歴史文化に探る。（三宅なほみ）

幾何学基礎論	D・ヒルベルト 中村幸四郎訳	20世紀数学全般の公理化への出発点となった記念碑的著作。ユークリッド幾何学を根源まで遡り、斬新な観点から厳密に基礎づける。(佐々木力)
和算の歴史	平山 諦	関孝和や建部賢弘らのすごさと弱点とは。そして和算がたどった歴史とは。和算研究の第一人者による簡潔にして充実の入門書。(鈴木武雄)
素粒子と物理法則	R・P・ファインマン/ S・ワインバーグ 小林澈郎訳	量子論と相対論を結びつけるディラックのテーマを対照的に展開したノーベル賞受賞者による追悼記念講演。現代物理学の本質を堪能できる三重奏。
ゲームの理論と経済行動Ⅰ (全3巻)	ノイマン/モルゲンシュテルン 銀林/橋本/宮本監訳 阿部 橋本訳	今やさまざまな分野への応用いちじるしい「ゲーム理論」の嚆矢とされる記念碑的著作。第Ⅰ巻はゲームの形式的記述とゼロ和2人ゲームについて。
ゲームの理論と経済行動Ⅱ	ノイマン/モルゲンシュテルン 銀林/橋本/宮本監訳 銀林/下島訳	第Ⅰ巻でのゼロ和2人ゲームの考察を踏まえ、第Ⅱ巻ではプレイヤーが3人以上の場合のゼロ和ゲーム、およびゲームの合成分解について論じる。
ゲームの理論と経済行動Ⅲ	ノイマン/モルゲンシュテルン 銀林/橋本/宮本監訳 銀林/宮本訳	第Ⅲ巻では非ゼロ和ゲームにまで理論を拡張。これまでの数学的結果をもとにいよいよ経済学的解釈を試みる。全3巻完結。(中山幹夫)
計算機と脳	J・フォン・ノイマン 柴田裕之訳	脳の振る舞いを数学で記述することは可能か? 現代のコンピュータの生みの親でもあるフォン・ノイマン最晩年の考察。新訳。(野崎昭弘)
数理物理学の方法	J・フォン・ノイマン 伊東恵一編訳	多岐にわたるノイマンの業績を展望するための文庫オリジナル編集。本巻は量子力学・統計力学など物理学の重要論文四篇を収録。全篇新訳。
フンボルト 自然の諸相	アレクサンダー・フォン・フンボルト 木村直司編訳	中南米オリノコ川で見たものとは? 植生と気候、緯度と地磁気などの関係を初めて認識した、ゲーテ自然学を継ぐ博物・地理学者の探検紀行。

書名	著者・訳者	紹介
トポロジーの世界	野口 廣	ものごとを大づかみに捉える! その極意を、数式に不慣れな読者との対話形式で、図を多用し平易・直感的に解き明かす入門書。(松本幸夫)
エキゾチックな球面	野口 廣	7次元球面には相異なる28通りの微分構造が可能! フィールズ賞受賞者を輩出したトポロジー最前線を臨場感ゆたかに解説。(竹内薫)
数学の楽しみ	テオニ・パパス 安原和見訳	ここにも数学があった。石鹼の泡、くもの巣、雪片結晶、一筆書きパズル、魔方陣、DNAらせん……。イラストも楽しい数学入門150篇。(細谷曉夫)
相対性理論(下)	W・パウリ 内山龍雄訳	アインシュタインが絶賛し、物理学者内山龍雄をして「研究を諦めさせかけた」とまで言わしめた、相対論三大名著の一冊。
物理学に生きて	W・ハイゼンベルクほか 青木薫訳	「わたしの物理学は……」ハイゼンベルク、ディラック、ウィグナー六人の巨人たちが集い、それぞれの歩んだ現代物理学の軌跡や展望を語る。(吉野諒三)
調査の科学	林 知己夫	消費者の嗜好や政治意識を測定するとは? 集団特性の数量的表現の解析手法を開発した統計学者による社会調査の論理と方法の入門書。
ポール・ディラック	アブラハム・パイスほか 藤井昭彦訳	「反物質」なるアイディアはいかに生まれたのか、そしてその存在はいかに発見されたのか。天才の生涯と業績を三人の物理学者が原典資料を駆使して考証した講演集。(三浦伸夫)
近世の数学	原 亨吉	ケプラーの無限小幾何学からニュートン、ライプニッツの微積分学誕生に至る過程を、原典資料を駆使して考証した世界水準の作品。
パスカル 数学論文集	ブレーズ・パスカル 原 亨吉訳	「パスカルの3角形」で有名な「数3角形論」ほか、「円錐曲線論」「幾何学の精神について」など十数篇の論考を収録。世界的権威による翻訳。(佐々木力)

現代数学入門　遠山　啓

現代数学への道　中野茂男

生物学の歴史　中村禎里

不完全性定理　野﨑昭弘

数学的センス　野﨑昭弘

高等学校の確率・統計　黒田孝郎／小島順／野﨑昭弘ほか

高等学校の基礎解析　黒田孝郎／小島順／森毅／野﨑昭弘ほか

高等学校の微分・積分　黒田孝郎／小島順／森毅／野﨑昭弘ほか

トポロジー　野口　廣

現代数学、恐るるに足らず！　学校数学より日常の感覚の中に集合や構造、関数や群、位相の考え方を探る大人のための入門書。（エッセイ　亀井哲治郎）

抽象的・論理的な思考法はいかに生まれ、何を生む？　入門者の疑問やとまどいにも目を配りつつ、数学の基礎を軽妙にレクチャー。（一松信）

進化論や遺伝の法則は、どのような論争を経て決着したのだろうか。生物学とその歴史を高い水準でまとめあげた壮大な通史。充実した資料を付す。

事実・推論・証明……。理屈っぽいとケムたがられる話題を、なるほどと納得させながら、ユーモアたっぷりにひもといたゲーデルへの超入門書。

美しい数学とは詩なのです。いまさら数学者にはなれないけれども数学を楽しめたら。そんな期待に応えてくれる心やさしいエッセイ風数学再入門。

成績の平均や偏差値はおなじみでも、実務の水準とは隔たりが！　基礎からやり直したい人のための解説の検定教科書を指導書付きで復活。

わかってしまえば日常感覚に近いものながら、数学挫折のきっかけの微分・積分。その基礎を丁寧にひもといた再入門のための検定教科書第2弾！

高校数学のハイライト「微分・積分」！　その入門コース『基礎解析』に続く本格コース。公式暗記の学習からはほど遠い、特色ある教科書の文庫化第3弾。

現代数学に必須のトポロジーの考え方とは？　集合・写像・関係・位相などの基礎から、ていねいに図説した定評ある入門者向け学習書。

高橋秀俊の物理学講義

高橋秀俊

ロゲルギストとした研究者の物理的センスとは。力について、示量変数と示強変数、ルジャンドル変換、次分原理などの汎論四〇講。
科学とはどんなものか。ギリシャの力学から惑星の運動解明まで、理論変革の跡をひも解いた科学論。（上條隆志）

物理学入門

藤村靖男

一般相対性理論

P・A・M・ディラック
江沢洋訳

一般相対性理論の核心に最短距離で到達すべく、卓抜した数学的記述で簡明直截に書かれた天才ディラックによる入門書。詳細な解説を付す。（田崎晴明）

ディラック現代物理学講義

P・A・M・ディラック
岡村浩訳

永久に膨張し続ける宇宙像とは？ モノポールは実在するのか？ 想像力と予言に満ちたディラック晩年の名講義が新訳で甦る。付録＝荒船次郎

幾何学

ルネ・デカルト
原亨吉訳

哲学のみならず数学においても不朽の功績を遺したデカルト。『方法序説』の本論として発表された『幾何学』初の文庫化！（佐々木力）

不変量と対称性

今井淳／寺尾宏明／中村博昭

変えても変わらぬ不変量とは？ そしてその意味や用途とは？ ガロア理論や結び目の現代数学に現われる、上級の数学センスをさぐる7講義。

物理の歴史

リヒャルト・デデキント
渕野昌訳・解説

「数とは何かそして何であるべきか？」「連続性と無理数」の二論文を収録。現代の視点から数学の基礎付けを試みた充実の訳者解説。新訳。（江沢洋）

数とは何かそして何であるべきか

朝永振一郎編

湯川秀樹のノーベル賞受賞。その中間子論を支えてきた者たちによる日本の素粒子論の歴史による平明な解説書。（銀林浩）

代数的構造

遠山啓

群・環・体など代数の基本概念の構造を、構造主義の歴史をおりまぜつつ、卓抜な比喩とていねいな計算で確かめていく抽象代数学入門。

現代数学の考え方
イアン・スチュアート
芹沢正三訳

現代数学は怖くない!「集合」「関数」「確率」などの基本概念をイメージ豊かに解説。直観で現代数学の全体を見渡せる入門書。図版多数。

飛行機物語
鈴木真二

なぜ金属製の重い機体が自由に空を飛べるのか? その工学と技術を、リリエンタール、ライト兄弟などのエピソードをまじえ歴史的にひもとく。

幾何物語
瀬山士郎

作図不能の証明に二千年もかかったとは! 柔らかな発想で大きく飛躍してきた歴史をたどりつつ、現代幾何学の不思議な世界を探る。図版多数。

集合論入門
赤攝也

「もの集まり」という素朴な概念が生んだ奇妙な世界、集合論。部分集合・空集合などの基礎から、丁寧な叙述で連続体や順序数の深みへと誘う。

確率論入門
赤攝也

ラプラス流の古典確率論とボレル-コルモゴロフ流の現代確率論。両者の関係性を意識しつつ、確率の基礎概念と数理を多数の例とともに丁寧に解説。

新式算術講義
高木貞治

算術は現代でいう数論。数の自明を疑わない明治の読者にその基礎を当時の最新学説で説く。『解析概論』の著者若き日の意欲作。(高瀬正仁)

数学の自由性
高木貞治

大数学者が軽妙洒脱に学生たちに数学を語る! 八十年ぶりに復刊された人柄のにじむ幻の同名エッセイ集を含む文庫オリジナル。(高瀬正仁)

ガウスの数論
高瀬正仁

青年ガウスは目覚めとともに正十七角形の作図法を思いついた。初等幾何に露頭した原典講読の一端! 創造の世界の不思議に迫る原典講読第2弾。

量子論の発展史
高林武彦

世界の研究者と交流した著者による量子理論史。その物理的核心をみごとに射抜き、理論探求の醍醐味を生き生きと伝える。新組。(江沢洋)

60

書名	著者	内容
数学で何が重要か	志村五郎	ピタゴラスの定理とヒルベルトの第三問題、数学オリンピック、ガロア理論のことなど。文庫オリジナル書き下ろし第三弾。
数学をいかに教えるか	志村五郎	日米両国で長年教えてきた著者が日本の教育を斬る！ 掛け算の順序問題、悪い証明と間違えやすい公式のことから外国語の教え方まで。
通信の数学的理論	W・C・E・シャノン／W・ウィーバー 植松友彦 訳	IT社会の根幹をなす情報理論はここから始まった。発展いちじるしい最先端の分野に、今なお根源的な洞察をもたらす古典的論文が新訳で復刊。
数学という学問Ⅰ	志賀浩二	ひとつの学問として、広がり、深まりゆく数学。数・微積分・無限など「概念」の誕生と発展を軸にその歩みを辿る。オリジナル書き下ろし。全3巻
数学という学問Ⅱ	志賀浩二	第2巻では19世紀の数学を展望。数概念の拡張によりもたらされた複素解析のほか、フーリエ解析、非ユークリッド幾何誕生の過程を追う。
数学という学問Ⅲ	志賀浩二	19世紀後半、「無限」概念の登場とともに数学は大転換を迎える。カントルとハウスドルフの集合論、そしてユダヤ人数学者の寄与について。全3巻完結。
現代数学への招待	志賀浩二	「多様体」は今や現代数学必須の概念。「位相」「微分」などの基礎概念を丁寧に解説、図説しながら、多様体のもつ深い意味を探ってゆく。
シュヴァレー リー群論	クロード・シュヴァレー 齋藤正彦 訳	現代的な視点から、リー群を初めて大局的に論じた古典的著作。著者の導いた諸定理はいまなお有用性を失わない。本邦初訳。
自然とギリシャ人・科学と人間性	エルヴィン・シュレーディンガー 水谷淳 訳	量子力学の発展は私たちの自然観・人間観にどのような変革をもたらしたのか。「生命とは何か」に続くような晩年の思索。文庫オリジナル訳し下ろし。（平井武）

書名	著者	内容
大数学者	小堀 憲	決闘の凶弾に斃れたガロア、革命の動乱で失脚したコーシー……激動の十九世紀に活躍した数学者たちの、あまりに劇的な生涯。(加藤文元)
物語数学史	小堀 憲	古代エジプトの数学から二十世紀のヒルベルトまでの数学の歩みを、日本の数学「和算」にも触れつつ一般向けに語った、通史。(菊池誠)
確率論の基礎概念	A・N・コルモゴロフ 坂本實 訳	確率論の現代化に決定的影響を与えた『確率論の基礎概念』に加え、有名な論文「確率論における解析的方法について」を併録。全篇新訳。
雪の結晶はなぜ六角形なのか	小林禎作	雪が降るとき、空ではどんなことが起きているのだろう。自然が作りだす美しいミクロの世界を、科学の目でのぞいてみよう。
数学史入門	佐々木力	古代ギリシャやアラビアに発する微分積分学のダイナミックな形成過程を丹念に跡づけ、数学史の醍醐味をわかりやすく伝える書き下ろし入門書。
ガロワ正伝	佐々木力	最大の謎、決闘の理由がついに明かされる。難解なガロワの数学思想をひもといた後世の数学者たちにも迫った、文庫版オリジナル書き下ろし。
ブラックホール	R・ルフィーニ 佐藤文隆	相対性理論から浮び上がる宇宙の「穴」。星と時空の謎に挑んだ物理学者たちの奮闘の歴史と今日的課題に迫る。写真・図版多数。
数学をいかに使うか	志村五郎	「何でも厳密に」などとは考えてはいけない──。世界的数学者が教える「使える」数学とは。文庫版オリジナル書き下ろし。
数学の好きな人のために	志村五郎	世界の数学者が教える「使える」数学第二弾。ユークリッド幾何学、リー群、微分方程式論、ド・ノンラームの定理など多彩な話題。

ゲーテ形態学論集・植物篇	木村直司編訳	花は葉のメタモルフォーゼ。根も茎もすべてが葉で新訳オリジナル。図版多数。
ゲーテ形態学論集・動物篇	木村直司編訳	多様性の原型。それは動物の骨格に潜在的に備わる「生きて発展する刻印されたフォルム」。ゲーテ思想が革新的に甦る。文庫版新訳オリジナル。続刊『動物篇』
ゲーテ地質学論集・鉱物篇	木村直司編訳	地ući山の生成と形成を探って岩山をよじ登り洞窟を降りる詩人。鉱物学・地質学的な考察や紀行から、新たなゲーテ像が浮かび上がる。文庫オリジナル。
ゲーテ地質学論集・気象篇	木村直司編訳	雲をつかむような変幻きわまりない気象現象を続べるものは？ 上昇を促す熱と下降を促す重力を透視する詩人科学者。ゲーテ自然科学論集、完結。
ゲーテ スイス紀行	木村直司編訳	ライン河の泡立つ瀑布、万年雪をいただく峰々。スイス体験の背景をひもといた本邦初の編訳書。
幾何学入門（上）	H・S・M・コクセター 銀林 浩訳	著者は「現代のユークリッド」とも称される20世紀最大の幾何学者。古典幾何のあらゆる話題が詰まった、辞典級の充実度を誇る入門書。
幾何学入門（下）	H・S・M・コクセター 銀林 浩訳	M・C・エッシャーやB・フラーを虜にした著者が見せる、美しいシンメトリーの世界。練習問題と充実した解答付きで独習用にも便利。
和算書『算法少女』を読む	小寺 裕	娘あきが挑戦していた和算とは？ 歴史小説『算法少女』のもとになった和算書の全問をていねいに読み解く。（エッセイ 遠藤寛子、解説 土倉保）
解析序説	小林龍一／廣瀬健／佐藤總夫	自然や社会を解析するための、センスを磨く！ 差分・微積分方程式までを丁寧にカバーした入門者向け学習書。（笠原晧司）

シュタイナー学校の数学読本
ベングト・ウリーン
丹羽敏雄/森章吾訳

中学・高校の数学がこうだったなら！ フィボナッチ数列、球面幾何など興味深い教材で展開する授業十二例。新しい角度からの数学再入門でもある。

問題をどう解くか
矢野健太郎訳

初等数学やパズルの具体的な問題を解きながら、解決に役立つ基礎色を紹介。方法論を体系的に学ぶことのできる貴重な入門書。

算法少女
遠藤寛子

父から和算を学ぶ町娘あきは、算額に誤りを見つけ声を上げた。と、若侍が……。和算への誘いとして定評の少年少女向け歴史小説。箕田源二郎・絵

永久運動の夢
アーサー・オードヒューム
高田紀代志/中島秀人訳

科学者の思い込みの集大成として、あるいはイカサマの手段として作られた永久機関。図版多数。

医学概論
唐木田健一

ベクトルや微分など数学の予備知識も解説しつつ、一九〇五年発表のアインシュタインの原論文を丁寧に読み解く。初学者のための相対性理論入門。

原論文で学ぶアインシュタインの相対性理論
川喜田愛郎

医学の歴史、ヒトの体と病気のしくみを概説。現代医療で見過ごされがちな「病人の存在」を見据えつつ、「医学とは何か」を考える。（酒井忠昭）

ガウス 数論論文集
高瀬正仁訳

成熟した果実のみを提示したと評されるガウス。しかし原典からは考察の息づかいが読み取れる。4次剰余理論など公表した5篇すべてを収録。本邦初訳。

原典による生命科学入門
木村陽二郎

医学の歴史、ヒポクラテスの医学からラマルク、ダーウィン、そしてワトソン─クリックまで、世界を変えた医学・生物学の原典10篇を抄録。（伊東俊太郎）

算数の先生
国元東九郎

726は3で割り切れる。それを見分ける簡単な方法があるという。数の話に始まる物語ふうの小学校高学年むけの世評名高い算数学習書。（板倉聖宣）

ちくま学芸文庫

数学文章作法　基礎編

二〇一三年四月十日　第一刷発行
二〇一四年十二月五日　第六刷発行

著　者　結城　浩（ゆうき・ひろし）
発行者　熊沢敏之
発行所　株式会社　筑摩書房
　　　　東京都台東区蔵前二-五-三　〒一一一-八七五五
　　　　振替〇〇一六〇-八-四二三二
装幀者　安野光雅
印刷所　株式会社加藤文明社
製本所　株式会社積信堂

乱丁・落丁本の場合は、左記宛にご送付下さい。
送料小社負担でお取り替えいたします。
ご注文・お問い合わせも左記へお願いします。
筑摩書房サービスセンター
埼玉県さいたま市北区櫛引町二-六〇四　〒三三一-八五〇七
電話番号　〇四八-六五一-〇〇五三
©HIROSHI YUKI 2013 Printed in Japan
ISBN978-4-480-09525-1　C0141